probability & statistics

제2판

확률 및 통계학

김영주 · 김윤경 · 유영호 · 이승수 · 주상열 지음

敎友社

책을 펴내며

현대사회는 산업사회를 거쳐서 정보화 사회로 급속하게 발전해가고 있으며, 여기에 비례하여 정보라는 말로 표현되는 무형의 자산이 차지하는 비중이 빠른 속도로 증대되어 가고 있다. 정보라는 말이 함축하는 의미는 매우 복합적이므로 상황에 따라서 다양하게 표출되고 있지만, 어느 분야에서나 '필요한 시기에 좋은(신뢰성이 높은) 정보를 수집하고 수집된 정보를 활용하여 보다 유용한 새로운 정보를 어떻게 창출할 수 있을까' 하는 것이 날이 갈수록 중요한 과제로 대두되어 왔는데, 이러한 현안을 해결하는데 '확률 및 통계학'이 결정적인 역할을 담당하고 있다. 과거에 확률이 도박을 비롯한 확률게임에만 관련되는 것으로, 통계학은 자료정리 정도로 인식된 적도 있었으나 현재에 와서 통계학은 모든 학문에 필수적으로 응용되는 종합과학으로 발전하였으며, 확률개념은 통계학의 기본이 되고 실제로 통계학 내용의 가장 많은 부분을 차지하고 있다.

본서는 기존의 저서 '확률의 이해'를 기초로 하여, 확률개념을 학생들이 쉽게 이해할 수 있도록 재구성하고 통계학의 중요 기본개념을 추가하여 엮은 교재이다. 따라서 '확률 및 통계학'의 모든 내용을 다루기보다는 기본적인 내용을 단기간에 학습하기에 적합하도록 원론에 충실히 쉽게 설명하고자 하였다. 초판에서 발견된 오탈자, 기호를 수정하였으며 해답부분을 추가하여 재판을 출판하게 되었다. 미진한 부분과 부족한 내용의 추가는 독자 여러분들의 조언을 받아서 가까운 장래에 보완할 계획이다.

마지막으로 이 책이 독자 여러분에게 도움이 되기를 바라면서 도움을 주신 교우사 오판근 사장님과 편집부 여러분에게 감사를 드린다.

2008년 3월

저자 일동

차 례

chapter

1 확률과 조건부 확률

probability & statistics

1.1 서 론

복권이 당첨될 것인가, 게임에서 승리할 것인가, 야구선수가 안타를 칠 것인가 하는 것들은 모두 그 결과가 고정되어 있는 것이 아니라 우연에 의해 영향을 받기 때문에 불확실하다. 또한 복권이나 게임처럼 표본자료를 수집하여 추론하는 결과 역시 모집단에 대하여 완벽하고 정확한 설명을 하지 못한다. 이러한 사건의 불확실성을 다루는 도구가 확률이다. 확률의 이론은 17세기 중엽 Pascal과 Fermat가 도박문제에 관한 의견을 서신으로 교환하면서 수리적으로 다루기 시작한 이래 많은 학자들에 의하여 발전되었고 19세기에 이르러 Laplace에 의하여 고전적 의미로서의 확률론이 집대성되었고, 20세기 들어와서 Kolmogorov가 공리론적인 방법을 제시함으로서 체계화의 길을 열었다. 이와 같이 체계화된 확률이론은 전자·정보 통신공학, 생물학, 의학, 경제학, 천문학 등의 여러 분야에서 널리 사용되고 있다.

1.2 표본공간과 사건

확률의 개념을 쉽게 이해하기 위하여 동전 던지는 경우를 생각해 보자.
동전을 던져서 앞면, 또는 뒷면이 나오는 가를 관찰하는 것을 '실험'이라 표현할 때, 이

실험의 결과는 우연에 의해서 지배되므로 앞면이 될지 또는 뒷면이 될지는 사전에 알 수 없다. 그러나 이 실험으로부터 나올 수 있는 모든 결과들의 모임이 {앞면(H), 뒷면(T)}이라는 것은 자명하다. 이와 같이 매 실험의 결과는 사전에 알 수가 없지만 출현 가능한 모든 결과들의 모임은 항상 알 수 있으며 같은 조건 하에서 반복실험이 가능한 실험을 '**확률실험**(random experiment)' 또는 '**시행**(trial)'이라 하고, 위의 확률실험으로부터 출현 가능한 모든 결과들의 모임을 '**표본공간**(sample space or outcome space)'이라 하고, Ω로 표시한다.

동전을 2번 던지는 확률실험을 생각하면, 이 확률실험으로부터 나오는 표본공간은 다음과 같다.

$$\Omega = \{HH,\ HT,\ TH,\ TT\}$$

이 실험을 한 번 시행하면 위의 네 개의 결과 중 하나, 즉 표본공간을 구성하는 원소들 중 한 개를 얻는다. 이러한 시행의 한 결과를 '**표본점**(sample point)'이라 하고, 오직 하나의 표본점으로 이루어지는 사건을 '**근원사건**(elementary event)'이라 하는데, 이는 가장 기본적인 사건으로서 더 이상 분해되지 않는 사건이라 할 수 있다. 즉 HH, HT, TH, TT는 각각 표본점이고, $\{HH\}$, $\{HT\}$, $\{TH\}$, $\{TT\}$이 근원사건이 된다.

만약 앞면이 나오는 경우에만 관심을 가진다고 하자. 앞면이 나오는 결과들의 모임을 A라고 두면

$$A = \{HH,\ HT,\ TH\}$$

이렇듯 관심이 있는 결과들로 이루어진 표본공간의 부분집합을 '**사건**(event)' 또는 '**사상**'이라 하고, 영어 대문자 A, B, $\cdots$로 표시한다.

예 1.2.1

여러 가지 통계적 실험(또는 시행)과, 이와 관련된 표본공간, 그리고 사건들의 예를 들어 보면 다음과 같다.

(1) 시행

E_1 : 동전을 3번 던져서 앞면과 뒷면이 나오는 것을 관찰한다.

E_2 : 주사위 한번 던져서 나오는 윗면의 숫자를 조사한다.

E_3 : 공장에서 하루 동안 생산되는 제품 중에서 불량품의 개수를 조사한다.

E_4 : 어떤 가정에서 하루 동안의 전화통화시간을 잰다.

E_5 : 어떤 게임에서 처음 이길 때까지의 게임 횟수를 헤아린다.

(2) 표본공간 : (1)에서의 시행과 관련된 표본공간은 다음과 같다.

$\Omega_1 = \{HHH, HHT, HTH, HTT, THH, THT, TTH, TTT\}$

$\Omega_2 = \{1, 2, 3, 4, 5, 6\}$

$\Omega_3 = \{0, 1, 2, \cdots, N\}$ 단, N은 하루 생산량

$\Omega_4 = \{t : 0 \le t \le 24\}$

$\Omega_5 = \{1, 2, 3, \cdots\}$

(3) 사건 : (2)에서 제시한 표본공간에서 사건의 예를 들어보자.

$A_1 = \{HHH, HHT, HTH, HTT\}$: 첫 번째 동전이 앞면이 나오는 사건

$A_2 = \{1, 3, 5\}$: 홀수가 나오는 사건

$A_3 = \{0, 1, 2, 3, 4, 5\}$: 불량품이 5개 이하인 사건

$A_4 = [0, 1]$: 하루 전화 통화시간이 1시간 이내인 사건

$A_5 = \{7, 8, 9, \cdots\}$: 6번째 게임까지 모두 지는 사건

사건을 Ω의 부분집합으로 정의하였으므로, Ω와 ϕ도 역시 사건이다. Ω를 전체집합으로 한 집합의 연산을 사용하여 합사건, 곱사건, 여사건, 배반사건 등을 아래와 같이 정의한다.

(1) A와 B의 **합사건**(union)은 사건 A 또는 B가 일어나는 사건을 말하며 $A \cup B$로 표시한다.

(2) A와 B의 **곱사건**(intersection)은 사건 A와 B가 둘 다 일어나는 사건을 말하며 $A \cap B$로 표시한다.

(3) A의 **여사건**(complement)은 사건 A가 일어나지 않는 사건을 말하며 A^c로 표시한다. 여기서 $A \cup A^c = \Omega$이다.

$A \cap B = \phi$일 때 'A와 B는 서로 **배반**(mutually exclusive)'이라 한다.

예 1.2.2

빨간 공(r), 파란 공(b), 노란 공(y)이 각각 두 개씩 들어 있는 항아리에서 순서대로 두 개의 공을 추출하는 시행에서 표본공간은

$$\begin{aligned}\Omega &= \{(i,\ j) : i,\ j = r,\ b,\ y\} \\ &= \{(r,\ r),\ (r,\ b),\ (r,\ y),\ (b,\ r),\ (b,\ b),\ (b,\ y),\ (y,\ r),\ (y,\ b),\ (y,\ y)\}\end{aligned}$$

으로 나타나고 표본점은 9개이다.
첫 번째 시행에서 빨간 공이 나올 사건을 A, 두 번째 시행에서 파란 공이 나올 사건을 B라 하면,

$$\begin{aligned}A &= \{(i,\ j) : i = r\} = \{(r,\ r),\ (r,\ b),\ (r,\ y)\} \\ B &= \{(i,\ j) : j = b\} = \{(r,\ b),\ (b,\ b),\ (y,\ b)\}\end{aligned}$$

이 된다. 이때, A와 B의 합사건과 곱사건은 각각

$$\begin{aligned}A \cup B &= \{(r,\ r),\ (r,\ b),\ (r,\ y),\ (b,\ b),\ (y,\ b)\} \\ A \cap B &= \{(r,\ b)\}\end{aligned}$$

이고, A의 여사건은

$$\begin{aligned}A^c &= \{(i,\ j) : i = b,\ y\} \\ &= \{(b,\ r),\ (b,\ b),\ (b,\ y),\ (y,\ r),\ (y,\ b),\ (y,\ y)\}\end{aligned}$$

이 된다.

1.3 확률

(1) 고전적 확률

사건 A의 확률을 A가 일어날 가능성의 수치적 측도로서 Laplace가 다음과 같이 정의하였다. 표본공간 Ω가 유한집합이고 각 표본점이 일어날 가능성이 동일한 경우에 사건 A의 확률은

$$P(A) = \frac{A\text{의 원소의 개수}}{\Omega\text{의 원소의 개수}} = \frac{|A|}{|\Omega|}$$

로 정의한다.

예 1.3.1

공정한 동전을 3회 던지는 시행에서 표본공간은

$$\Omega = \{HHH,\ HHT,\ HTH,\ HTT,\ THH,\ THT,\ TTH,\ TTT\}$$

이고, 적어도 1번 앞면이 나오는 사건 A의 확률은 $P(A) = \dfrac{7}{8}$이다.

예 1.3.2

52장의 카드 중에서 3장의 카드를 임의로 뽑을 때 가장 높은 카드가 Q일 확률은 얼마인가?

풀이 52장의 카드 중에서 3장의 카드를 임의로 뽑는 경우의 수는

$$\binom{52}{3} = 22100$$

이고, 3장 중에서 가장 높은 카드가 Q인 경우의 수는 가장 높은 카드가 Q 이하인 경우의 수에서 가장 높은 카드가 J 이하인 경우의 수를 빼면 되므로

$$\binom{44}{3}-\binom{40}{3}=13244-9880=3364$$

이다. 따라서 구하는 확률은

$$\frac{3364}{22100}=0.152$$

이다.

여기서, 3장중에 가장 높은 카드가 Q인 경우의 수는 3장 모두 Q인 경우, 2장이 Q이고 1장이 J 이하인 경우, 1장이 Q이고 2장이 J 이하인 경우의 수를 합하여

$$\binom{4}{3}+\binom{4}{2}\binom{40}{1}+\binom{4}{1}\binom{40}{2}=3364$$

로 계산할 수도 있다. ■

(2) 공리적 확률

앞에서 학습한 고전적 확률의 개념으로는 설명할 수 없는 현상들이 많이 있다. 예를 들어, 동전을 1번 던졌을 때 앞면이 나올 확률이 $\frac{1}{2}$이라는 말은 무슨 뜻일까? 동전을 두 번 던져서 정확히 한 번은 앞면이 나온다는 말은 아니다. 또한 동전을 열 번 던져서 정확히 다섯 번이 앞면이 나온다는 말도 아니다. 이것은 동전을 무수히 많이 반복하여 던졌을 때 앞면이 나오는 횟수의 비율, 즉 앞면이 나오는 사건의 상대도수의 극한값을 의미한다. 따라서 상대도수의 극한적 개념으로 정의된 확률은 당연히 상대도수가 갖는 기본성질을 가져야 하는데, 이러한 요구조건을 충족하면서 공리적으로 정의된 확률이 Kolmogorov에 의하여 제안되었다.

[정의 1.3.1] 공리적 확률

(1) 표본공간 Ω에서의 임의의 사건 A에 대하여 $P(A)\geq 0$

(2) $P(\Omega)=1$

(3) 사건 $A_1, A_2, \cdots$가 서로 배반이면 $P(\bigcup_{i=1}^{\infty}A_i)=\sum_{i=1}^{\infty}P(A_i)$을 만족할 때, $P(A)$를 사건 A의 확률이라 한다.

특히, (3)을 **가산가법성**(countable additivity)이라 부른다.

이제, 확률의 공리로부터 얻어지는 기본적인 성질들을 살펴보자.

[정리 1.3.2]

(1) $P(\phi) = 0$

(2) 사건 $A_1, A_2, \cdots$가 서로 배반이면 $P(\bigcup_{i=1}^{n} A_i) = \sum_{i=1}^{n} P(A_i)$: **유한가법성**

증명 (1) 사건 $\Omega, \phi, \phi, \cdots$은 서로 배반이므로 가산가법성에 의하여

$$P(\Omega) = P(\Omega) + P(\phi) + P(\phi) + \cdots$$

여기서 $P(\Omega) = 1$이므로 $P(\phi) = 0$이 얻어진다.

(2) $A_{n+1} = A_{n+2} = \cdots = \phi$로 놓으면 사건 $A_1, A_2, \cdots, A_n, \cdots$은 서로 배반이므로 가산가법성과 (1)에 의하여

$$P(\bigcup_{i=1}^{n} A_i) = P(\bigcup_{i=1}^{\infty} A_i) = \sum_{i=1}^{\infty} P(A_i) = \sum_{i=1}^{n} P(A_i)$$

이 성립한다. ■

예 1.3.3

m개의 검은 공과 n개의 흰 공이 들어 있는 항아리에서 k개의 공을 꺼낼 때 적어도 r개의 검은 공이 나올 확률을 구해 보자.

꺼내진 k개의 공중에서 검은 공이 꼭 i개일 사건을 $A_i (i = 0, 1, 2, \cdots, k)$라고 놓으면, 사건 $A_0, A_1, \cdots, A_k$는 서로 배반이고

$$P(A_i) = \frac{\binom{m}{i}\binom{n}{k-i}}{\binom{m+n}{k}}$$

이다. 따라서 구하는 확률은

$$P(\bigcup_{i=r}^{k} A_i) = \sum_{i=r}^{k} \frac{\binom{m}{i}\binom{n}{k-i}}{\binom{m+n}{k}}$$

이다.

다음의 예는 공리적 확률의 개념이 고전적 확률의 개념을 포함하고 있음을 보여 준다.

예 1.3.4

특히, Ω가 유한집합이고 $A \subset \Omega$에 대하여 A의 원소의 개수를 $|A|$로 나타낼 때, 모든 $w \in \Omega$에 대하여 $P(\{w\}) = c$ (상수)이면

$$P(A) = \sum_{\omega \in A} P(\{w\}) = c|A|$$

이다. 특히, $P(\Omega) = c|\Omega| = 1$이므로 $c = \dfrac{1}{|\Omega|}$이고 $P(A) = \dfrac{|A|}{|\Omega|}$이다.

[정리 1.3.3]

두 사건 A, B에 대하여 $A \subset B$이면

(1) $P(B-A) = P(B) - P(A)$ (3.1)

(2) $P(A) \leqq P(B)$ (단조성)

(3) 임의의 사건 A에 대하여 $P(A^c) = 1 - P(A)$이고 $0 \leqq P(A) \leqq 1$이다

이 성립한다.

증명 (1) $A \subset B$이면 $B = A \cup (B-A)$이고 사건 A와 $B-A$는 서로 배반이므로 유한가법성에 의하여

$$P(B) = P(A) + P(B-A)$$

이다. 따라서 $P(B-A) = P(B) - P(A)$이 성립한다.

(2) $P(B) - P(A) = P(B-A) \geqq 0$이므로 단조성이 성립한다.

(3) $A^c = \Omega - A$ 이므로

$$P(A^c) = P(\Omega) - P(A) = 1 - P(A)$$

이 성립한다. 또한, 정의 1.3.1에 의하여 $P(A^c) \geq 0$이므로 $0 \leqq P(A) \leqq 1$이 얻어진다. ■

[정리 1.3.4]

임의의 두 사건 A, B에 대하여

$$P(A\cup B)=P(A)+P(B)-P(A\cap B) \tag{3.2}$$
$$P(A\triangle B)=P(A)+P(B)-2P(A\cap B) \tag{3.3}$$

여기서 $A\triangle B$는 A와 B의 **대칭차**(symmetric difference)를 의미한다.

증명 $A\cup B=A\cup(B-A)$이고 A와 $B-A$는 서로 배반이므로 유한가법성에 의하여

$$P(A\cup B)=P(A)+P(B-A)$$

이 성립한다. 여기서 $B-A=B-A\cap B$이고 $A\cap B\subset B$이므로 정리 2.3.3에 의하여

$$P(B-A)=P(B)-P(A\cap B)$$

이 성립한다. 따라서 (3.2)가 얻어진다.
또한, $P(A\triangle B)=P(A\cup B)-P(A\cap B)$이므로 (3.3)이 성립한다. ■

예 1.3.5

어느 대학의 신입생 중에서 40%가 수학을 수강하고 30%가 물리를 수강하며, 20%가 수학, 물리를 모두 수강한다고 하자. 이 대학의 신입생 중에서 임의로 선정된 한 학생이 수학 또는 물리 중에서 어느 한 과목만 수강할 확률을 계산하여 보자.

풀이 임의로 선정된 신입생이 수학을 수강할 사건을 A, 물리를 수강할 사건을 B라고 하면 가정에 의하여

$$P(A)=0.4,\ P(B)=0.3,\ P(A\cap B)=0.2$$

이다. 따라서 구하는 확률은

$$\begin{aligned}P(A\triangle B)&=P(A)+P(B)-2P(A\cap B)\\&=0.4+0.3-2\times0.2=0.3\end{aligned}$$

이다. ■

이제, 정리 1.3.4를 사용하여 세 사건 A, B, C 중 적어도 어느 한 사건이 일어날 확률을 계산해 보자.

$$\begin{aligned} P(A \cup B \cup C) &= P[(A \cup B) \cup C] \\ &= P(A \cup B) + P(C) - P[(A \cup B) \cap C] \end{aligned}$$

여기서,

$$P(A \cup B) = P(A) + P(B) - P(A \cap B)$$

이고

$$\begin{aligned} P[(A \cup B) \cap C] &= P[(A \cap C) \cup (B \cap C)] \\ &= P(A \cap C) + P(B \cap C) - P[(A \cap C) \cap (B \cap C)] \\ &= P(A \cap C) + P(B \cap C) - P(A \cap B \cap C) \end{aligned}$$

이므로

$$\begin{aligned} P(A \cup B \cup C) = &P(A) + P(B) + P(C) - P(A \cap B) \\ &- P(B \cap C) - P(A \cap C) + P(A \cap B \cap C) \end{aligned}$$

이다. 일반적으로는, 다음의 정리가 성립한다.

[정리 1.3.5]

n개의 사건 $A_1, A_2, \cdots, A_n$에 대하여

$$\begin{aligned} P\left(\bigcup_{i=1}^{n} A_i\right) = &\sum_{i=1}^{n} P(A_i) - \sum_{i<j} P(A_i \cap A_j) + \cdots \\ &+ (-1)^{k-1} \sum_{|J|=k} P\left(\bigcap_{i \in J} A_i\right) + \cdots + (-1)^{n-1} P\left(\bigcap_{i=1}^{n} A_i\right) \end{aligned}$$

이 성립한다.

예 1.3.6

컴퓨터로 4명의 고객에게 매월 청구서를 작성하고 봉투에 주소를 기입한다. 프로그램 상의 실수로 인하여 그 청구서를 임의의 봉투에 넣는다고 할 때, 적어도 하나의 청구서가 올바른 봉투에 넣어질 확률을 구해 보자.

풀이 각 청구서와 봉투에 1번에서 4번까지 번호를 붙이되, 각 청구서와 그에 대한 주소가 기입된 봉투가 같은 번호를 갖도록 한다.

이제, i번째 청구서가 넣어진 봉투의 번호를 x_i라고 하면 실험의 결과는 1, 2, 3, 4의 순열인 $x=(x_1, x_2, x_3, x_4)$으로 나타내어질 수 있으며, 각각의 실험 결과가 일어날 확률은 동일한 것으로 간주된다.

i번째 청구서가 올바른 봉투에 넣어지는 사건을 $A_i=\{x\in \Omega : x_i=i\}$라 하면, 구하고자 하는 확률은 $P(\bigcup_{i=1}^{4} A_i)$이다. 그런데

$$P(A_i)=\frac{3!}{4!}=\frac{1}{4}$$

$$P(A_i\cap A_j)=\frac{2!}{4!}=\frac{1}{12},\ i\neq j$$

$$P(A_i\cap A_j\cap A_k)=\frac{1}{4!}=\frac{1}{24},\ i\neq j\neq k$$

$$P(\bigcap_{i=1}^{4} A_i)=\frac{1}{4!}=\frac{1}{24}$$

이므로 구하는 확률은

$$P(\bigcup_{i=1}^{4} A_i)=1-\frac{1}{2}+\frac{1}{6}-\frac{1}{24}=\frac{5}{8}$$

이 된다. ■

1.4 조건부 확률

조건부 확률의 개념을 도입하기 위하여 흰 공 6개와 검은 공 4개가 들어 있는 주머니에서 차례로 공을 꺼내는 경우(비복원 추출)를 고려해 보자. 처음 꺼낸 공이 흰 공이었다고 가정하였을 때 두 번째 꺼내는 공이 흰 공일 확률은 $\frac{5}{9}$가 되지만, 처음 꺼낸 공이 검은 공이었다고 가정하면 두 번째 꺼내는 공이 흰 공일 확률은 $\frac{6}{9}$이 된다. 이와 같이 어떤 사건 A가 일어났다고 가정한 상태에서 사건 B가 일어날 확률을 고려한 것을 조건부 확률이라고 하며 $P(B \mid A)$로 나타낸다.

사건 A가 일어났다는 가정 하에서의 조건부 확률은 원래의 표본공간 Ω를 A로 축소시킨 실험으로 국한시킨 경우이므로 사건 B가 일어난다는 의미는 실제로 $A \cap B$가 일어나는 것을 의미하며

$$P(B \mid A) = cP(A \cap B),\ c\text{는 상수}$$

이 성립하는 것은 자연스러운 이치이다.

그런데 $P(A \mid A) = 1$이 성립해야 하므로

$$c = \frac{1}{P(A)}$$

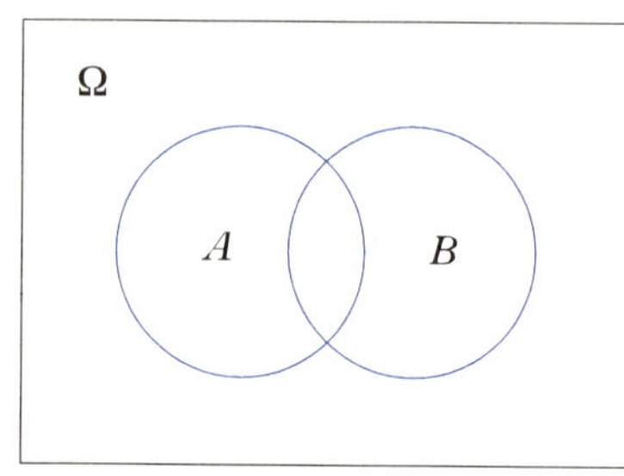

| 그림 1.1 |

이 된다. 따라서 조건부 확률은 다음과 같이 정의한다.

[조건부 확률]

$P(A) > 0$일 때,

$$P(B \mid A) = \frac{P(A \cap B)}{P(A)}$$

를 사건 A가 주어졌을 때 사건 B의 **조건부 확률**(conditional probability)이라고 한다.

예 1.4.1

주사위를 두 번 던지는 실험에서 두 눈의 합이 6인 사건을 A, 두 눈의 차가 4 이상인 사건을 B라 하면

$$A = \{(i, j) : i + j = 6\} = \{(1, 5), (2, 4), (3, 3), (4, 2), (5, 1)\}$$
$$B = \{(i, j) : |i - j| \geq 4\} = \{(1, 5), (1, 6), (2, 6), (5, 1), (6, 1), (6, 2)\}$$

이므로 $A \cap B = \{(1, 5), (5, 1)\}$이다.

A를 전체 표본공간으로 간주하여 B의 조건부 확률을 구하면

$$P(B \mid A) = \frac{2}{5}$$

이고, 위의 조건부확률의 정의에 의하여 구하면

$$P(B \mid A) = \frac{2/36}{5/36} = \frac{2}{5}$$

이다.

조건부 확률의 정의에 의하여 $P(A) > 0$이면

$$P(A \cap B) = P(A)P(B \mid A)$$

이 성립한다. 또한, 세 사건 A, B, C에 대하여 $P(A \cap B) > 0$이면

$$\begin{aligned} P(A \cap B \cap C) &= P(A \cap B)P(C \mid A \cap B) \\ &= P(A)P(B \mid A)P(C \mid A \cap B) \end{aligned}$$

이다. 일반적으로 다음의 결과를 얻을 수 있다.

[조건부 확률공식]

사건 $A_1, \cdots, A_n$에 대하여 $P(A_1 \cap \cdots \cap A_{n-1}) > 0$이면

$$P(A_1 \cap \cdots \cap A_n) = P(A_1)P(A_2 \mid A_1)P(A_3 \mid A_1 \cap A_2) \cdots P(A_n \mid A_1 \cap \cdots \cap A_{n-1})$$

이 성립한다.

예 1.4.2

6개의 흰 공과 4개의 검은 공이 들어 있는 주머니에서 임의로 1개의 공을 꺼내어 색깔을 살피고 추출된 공과 같은 색의 공 2개를(꺼낸 공포함) 다시 주머니에 넣는 시행을 반복할 때,

① 처음 두 번 꺼낸 공이 모두 흰 공일 확률을 구하라.
② 처음 세 번 꺼낸 공이 모두 흰 공일 확률을 구하라.

풀이 i번째 추출에서 흰 공이 나오는 사건을 A_i라 하면($i = 1, 2, 3$), 구하는 확률은

① $P(A_1 \cap A_2) = P(A_1)P(A_2 \mid A_1)$

$$= \frac{6}{10} \times \frac{7}{11} = \frac{21}{55}$$

② $P(A_1 \cap A_2 \cap A_3) = P(A_1)P(A_2 \mid A_1)P(A_3 \mid A_1 \cap A_2)$

$$= \frac{6}{10} \times \frac{7}{11} \times \frac{8}{12} = \frac{14}{55}$$

■

1.5 베이즈(Bayes) 정리

조건부 확률은 어떤 부가적인 정보가 주어졌을 때의 확률뿐 아니라 조건이 주어지지 않은 경우의 확률 계산에도 유용하게 사용된다. 이 절에서는 조건부 확률의 응용에 관하여 다루기로 한다. 먼저, 표본 공간의 분할개념을 도입하자.

사건 $B_1, B_2, \cdots, B_n$가 다음의 세 조건

(1) $i \neq j$이면 $B_i \cap B_j = \phi$

(2) $\bigcup_{i=1}^{\infty} B_i = \Omega$

(3) 모든 i에 대하여, $P(B_i) > 0$

을 만족할 때, 사건 $B_1, B_2, \cdots, B_n$을 표본 공간 Ω의 **분할**(partition)이라 한다.

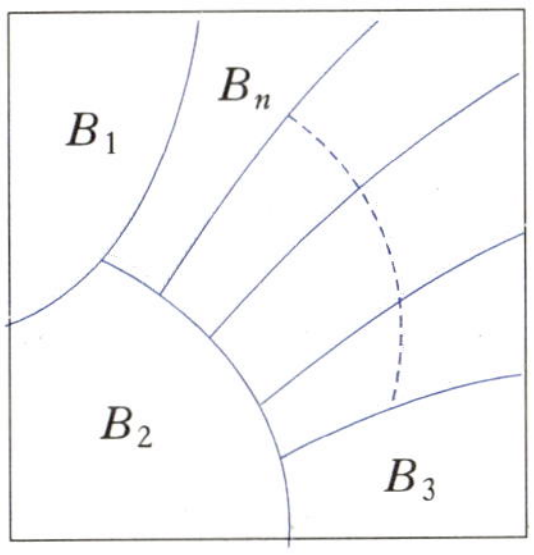

|그림 1.2|

표본공간의 분할은 나올 수 있는 결과들이 몇 가지 요인에 의하여 영향을 받게 되는 확률실험에서 i번째 요인에 의하여 결정되는 사건을 B_i라 놓으면 유용하게 사용될 수 있으며, 임의의 사건에 대한 확률은 다음과 같이 계산된다.

[전 확률의 공식 (formula of total probability)]

사건 $B_1, B_2, \cdots, B_n$가 표본 공간 Ω의 분할이면 임의의 사건 A에 대하여

$$P(A) = \sum_{i=1}^{n} P(B_i) P(A \mid B_i) \tag{5.1}$$

이 성립한다.

예 1.5.1

어느 공장에 3대의 기계 M_1, M_2, M_3가 생산품 전체의 50%, 30%, 20%를 각각 생산한다. 이들 기계가 불량품을 생산하는 비율은 각각 1%, 2%, 3%라고 하자. 이 공장의 제품 중에서 임의로 한 제품이 선정되었을 때, 그 제품이 불량품일 확률을 구해 보자.

풀이 임의로 선정된 제품이 불량품인 사건을 A, 기계 M_1, M_2, M_3에 의하여 생산되는 사건을 각각 B_1, B_2, B_3라고 하면 전 확률의 공식에 의하여

$$\begin{aligned} P(A) &= \sum_{i=1}^{3} P(B_i) P(A \mid B_i) \\ &= 0.5 \times 0.01 + 0.3 \times 0.02 + 0.2 \times 0.03 = 0.017 \end{aligned}$$ ■

조건부 확률의 정의와 전 확률의 공식으로부터 다음의 정리를 얻을 수 있다.

[Bayes 정리]

사건 $B_1, B_2, \cdots, B_n$가 표본공간 Ω의 분할이고 $P(A) > 0$이면,

$$P(B_k \mid A) = \frac{P(B_k) P(A \mid B_k)}{\sum_{i=1}^{n} P(B_i) P(A \mid B_i)}$$

이 성립한다.

여기서, $P(B_i)$와 $P(A \mid B_i)$는 사전 정보로서 주어지는 확률이므로 사전 확률이라 하고, $P(B_i \mid A)$는 사건 A가 일어난 후에 계산되는 확률로서 사후 확률이라 부른다.

예 1.5.2

예 1.2.1에서 임의로 선정된 제품이 불량품이었을 때 이 제품이 기계 M_1에 의하여 생산되었을 확률은

$$P(B_1 \mid A) = \frac{P(B_1)P(A \mid B_1)}{P(A)} = \frac{0.5 \times 0.01}{0.017} = \frac{5}{17}$$

이다.

예 1.5.3

이진 부호를 전송하는 디지털 통신시스템에서 부호 0과 1을 전송하는 사건을 각각 S_0, S_1이라 하고, 부호 0과 1을 수신하는 사건을 각각 R_0, R_1이라 하자. 사전확률이 다음과 같이 주어졌다고 가정하자.

$$P(S_0) = 0.4,\ P(S_1) = 0.6$$
$$P(R_0 \mid S_0) = 0.8,\ P(R_1 \mid S_0) = 0.2$$
$$P(R_0 \mid S_1) = 0.1,\ P(R_1 \mid S_1) = 0.9$$

이때, 다음의 확률을 구하라.

(1) 부호 0과 1이 수신될 확률
(2) 부호 0이 수신되었을 때, 부호 1을 전송하였을 확률
(3) 부호 1이 수신되었을 때, 부호 1을 전송하였을 확률

풀이 (1) $P(R_0) = P(S_0)P(R_0 \mid S_0) + P(S_1)P(R_0 \mid S_1)$
$= 0.4 \times 0.8 + 0.6 \times 0.1 = 0.38$

$P(R_1) = P(S_0)P(R_1 \mid S_0) + P(S_1)P(R_1 \mid S_1)$
$= 0.4 \times 0.2 + 0.6 \times 0.9 = 0.62$

(2) $P(S_1 \mid R_0) = \dfrac{P(S_1 \cap R_0)}{P(R_0)} = \dfrac{0.6 \times 0.1}{0.38} = \dfrac{3}{19}$

(3) $P(S_1 \mid R_1) = \dfrac{P(S_1 \cap R_1)}{P(R_1)} = \dfrac{0.6 \times 0.9}{0.62} = \dfrac{27}{31}$ ■

위와 같은 통신시스템은 다음과 같은 그림으로 나타낼 수 있다.

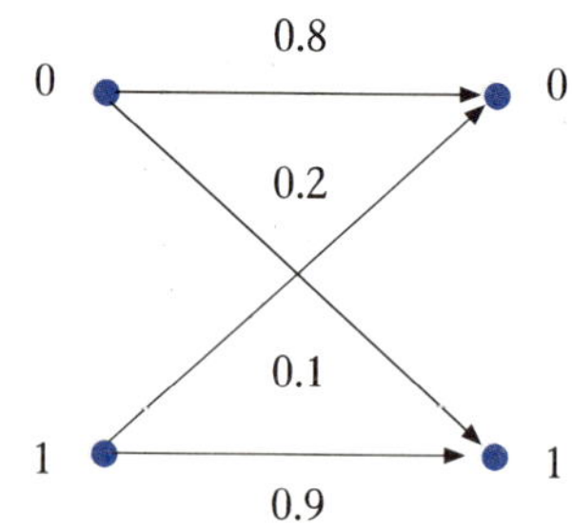

|그림 1.3|

전 확률의 공식과 베이즈 정리는 첫 번째 실험의 결과에 따라 두 번째 실험이 결정되는 2단계 실험 묘사에 유용하게 사용될 수 있으며, 이러한 실험은 트리다이어그램을 사용하여 다음과 같이 나타낸다.

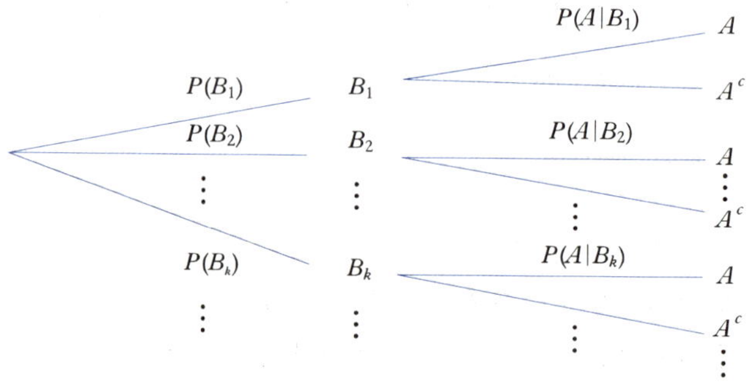

|그림 1.4|

예 1.5.4

흰 공 6개와 검은 공 4개가 들어 있는 주머니에서 3개의 공을 차례로 꺼낼 때(비복원 추출),

(1) 두 번째와 세 번째에 흰 공이 나올 확률을 각각 구하여라.

(2) 두 번째에 흰 공이 나왔을 때, 첫 번째에도 흰 공이 나왔을 조건부 확률을 구하라.

(3) 첫 번째에 흰 공이 나왔을 때, 세 번째에도 흰 공이 나올 조건부 확률을 구하라.

풀이 i번째에 꺼낸 공이 흰 공일 사건을 $A_i(i=1, 2, 3)$라 하면 트리다이어그램은 다음과 같다.

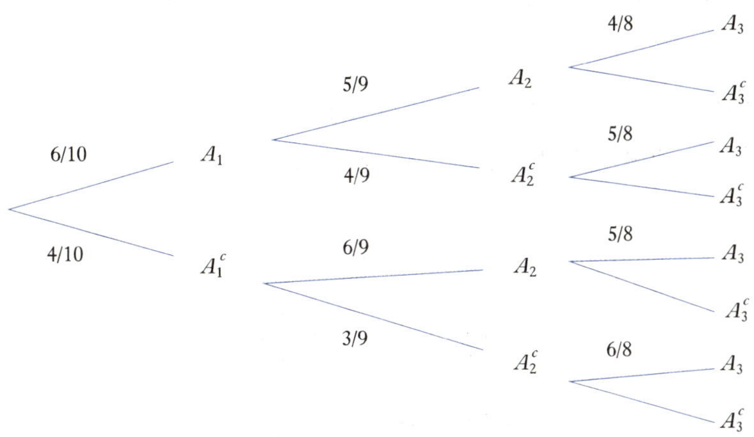

|그림 1.5|

(1) $P(A_2) = \dfrac{6}{10} \times \dfrac{5}{9} + \dfrac{4}{10} \times \dfrac{6}{9} = 0.6$

$$P(A_3) = \frac{6}{10} \times \frac{5}{9} \times \frac{4}{8} + \frac{6}{10} \times \frac{4}{9} \times \frac{5}{8} + \frac{4}{10} \times \frac{6}{9} \times \frac{5}{8} + \frac{4}{10} \times \frac{3}{9} \times \frac{6}{8} = 0.6$$

(2) $P(A_1 \mid A_2) = \dfrac{P(A_1 \cap A_2)}{P(A_2)} = \dfrac{\frac{6}{10} \times \frac{5}{9}}{0.6} = \dfrac{5}{9}$

(3)
$$\begin{aligned} P(A_3 \mid A_1) &= P(A_2 \mid A_1) P(A_3 \mid A_1 \cap A_2) \\ &\quad + P(A_2^c \mid A_1) P(A_3 \mid A_1 \cap A_2^c) \\ &= \frac{5}{9} \times \frac{4}{8} + \frac{4}{9} \times \frac{5}{8} = \frac{5}{9} \end{aligned}$$

이다. ■

예 1.5.5

주머니 속에 앞면이 나올 확률이 $\frac{1}{2}$, $\frac{1}{4}$, $\frac{3}{4}$인 동전 a, b, c가 한 개씩 들어 있다. 이 주머니 속에서 임의로 한 개의 동전을 꺼내어 3번을 던지는 시행을 하였다. 이때, 다음의 확률을 구하라.

(1) 앞면이 2번 나올 확률
(2) 앞면이 2번 나왔다고 가정할 때 동전 a가 선택되었을 조건부 확률

풀이 동전 a, b, c가 선택되는 사건을 각각 A, B, C라 하고 동전을 3회 던지는 시행에서 앞면이 i회 나오는 사건을 D_i라 하면

$$P(A) = P(B) = P(B) = \frac{1}{3} \text{이고}$$

$$P(D_2 \mid A) = \binom{3}{2}\left(\frac{1}{2}\right)^2\left(\frac{1}{2}\right) = \frac{3}{8}$$

$$P(D_2 \mid B) = \binom{3}{2}\left(\frac{1}{4}\right)^2\left(\frac{3}{4}\right) = \frac{9}{64}$$

$$P(D_2 \mid C) = \binom{3}{2}\left(\frac{3}{4}\right)^2\left(\frac{1}{4}\right) = \frac{27}{64}$$

이다. 따라서 구하는 확률은 다음과 같다.

(1) $P(D_2) = P(A)P(D_2 \mid A) + P(B)P(D_2 \mid B) + P(C)P(D_2 \mid C)$

$$= \frac{1}{3} \times \frac{3}{8} + \frac{1}{3} \times \frac{9}{64} + \frac{1}{3} \times \frac{27}{64} = \frac{5}{16}$$

(2) $P(A \mid D_2) = \dfrac{P(A \cap D_2)}{P(D_2)} = \dfrac{\frac{1}{3} \times \frac{3}{8}}{\frac{5}{16}} = \dfrac{2}{5}$ ■

1.6 사건의 독립성

$P(A)>0$이고 $P(B)>0$인 두 사건 A, B에 대하여

$$P(A \mid B) = P(A) \tag{6.1}$$

이 성립하면 사건 B가 일어났다는 정보가 사건 A의 확률에 아무런 영향을 미치지 않으며, 또한

$$P(B \mid A) = P(B) \tag{6.2}$$

사건 A가 일어났다는 정보가 사건 B의 확률에 아무런 영향을 미치지 않음을 의미한다. 그런데 식 (6.1)과 (6.2)는

$$P(A \cap B) = P(A)P(B) \tag{6.3}$$

와 동치이고, 식 (6.3)은 $P(A)=0$ 또는 $P(B)=0$인 경우도 포함하고 있으므로 식 (6.3)이 성립할 때, 두 사건 A와 B는 **서로 독립**(mutually independent)이라고 말한다.

예 1.6.1

두 개의 주사위를 던질 때 첫 번째 주사위의 눈이 홀수일 사건을 A, 두 번째 주사위의 눈이 짝수일 사건을 B, 두 주사위의 눈의 합이 7일 사건을 C라 하면,

$$P(A) = P(B) = \frac{1}{2},\ P(C) = \frac{1}{6}$$

이고,

$$P(A \cap B) = \frac{1}{4},\ P(A \cap C) = P(B \cap C) = \frac{1}{12}$$

이므로, A와 B, B와 C, A와 C는 각각 서로 독립이다.

[사건의 독립]

임의의 두 사건 A, B에 대하여

(1) $P(A)=0$ 또는 $P(B)=0$ 이면 A와 B는 서로 독립이다.

(2) A와 B가 서로 독립이면 A와 B^c, A^c와 B, A^c와 B^c는 각각 서로 독립이다.

이제, 세 사건의 독립성에 대하여 생각해 보자. 예 1.6.1에서 세 사건 A, B, C중에서 임의의 두 사건은 서로 독립이지만

$$P(A \cap B \cap C) = \frac{1}{12}$$

이고,

$$P(A \cap B)\,P(C) = P(A)P(B)P(C) = \frac{1}{24}$$

이 되어 사건 $A \cap B$와 C는 서로 독립이 아니므로 세 사건 A, B, C는 진정한 의미에서 서로 독립이라 할 수 없다. 이러한 경우를 고려하여

$$P(A \cap B) = P(A)P(B),\ \ P(A \cap C) = P(A)\,P(C)$$
$$P(B \cap C) = P(B)P(C),\ \ P(A \cap B \cap C) = P(A)\,P(B)\,P(C)$$

이 성립할 때, 세 사건 A, B, C를 서로 독립이라 한다.

일반적으로 n개의 사건 $A_1, A_2, \cdots, A_n$이 있을 때, 임의의 $i \neq j$에 대하여

$$P(A_i \cap A_j) = P(A_i)\,P(A_j)$$

가 성립하면 사건 $A_1, A_2, \cdots, A_n$은 **쌍으로 독립**(pairwise independent)이라 하고 임의의 $J \subset 1, 2, \cdots, n$에 대하여

$$P\Big(\bigcap_{i \in J} A_i\Big) = \prod_{i \in J} P(A_i)$$

가 성립하면 사건 $A_1, A_2, \cdots, A_n$은 **서로 독립**(mutually independent)이라 한다.

예 1.6.2

다음 그림과 같은 시스템에서 각 회로가 작동할 확률이 p이고 각 회로는 서로 독립적으로 작동한다고 가정할 때 이 시스템이 작동할 확률을 구하라.

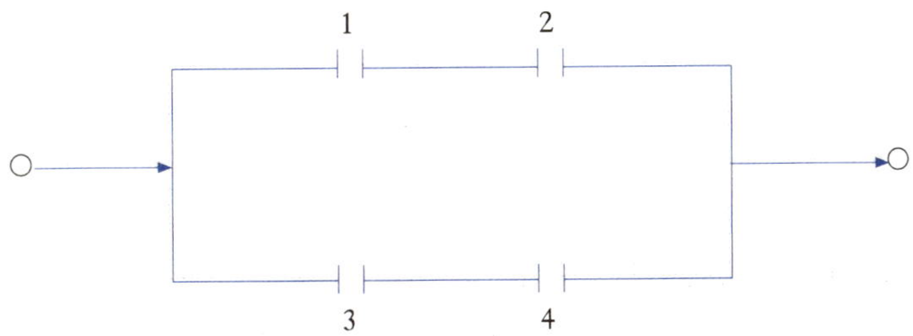

|그림 1.6|

풀이 시스템이 작동하는 사건을 E, i번째 회로가 작동하는 사건을 $A_i\,(i=1,\ 2, 3, 4)$라고 하면 $E=(A_1\cap A_2)\cup(A_3\cap A_4)$이므로 구하는 확률은

$$\begin{aligned} P(E) &= P(A_1\cap A_2)+P(A_3\cap A_4)-P(A_1\cap A_2\cap A_3\cap A_4) \\ &= p^2+p^2-p^4 = 2p^2-p^4 \end{aligned}$$

이다. ■

예를 들어, 다섯 개의 사건 A_1, A_2, A_3, A_4, A_5가 서로 독립이면 다음의 사건들은 서로 독립이다.

(1) $A_1\cup A_2$, $A_3\cap A_4^c$, A_5

(2) $(A_1\cap A_3^c)\cup A_5$, $A_2^c\cup A_4$

다음 그림과 같은 병렬시스템은 n개의 회로 중에서 적어도 한 개의 회로가 작동되면 그 시스템이 작동된다.

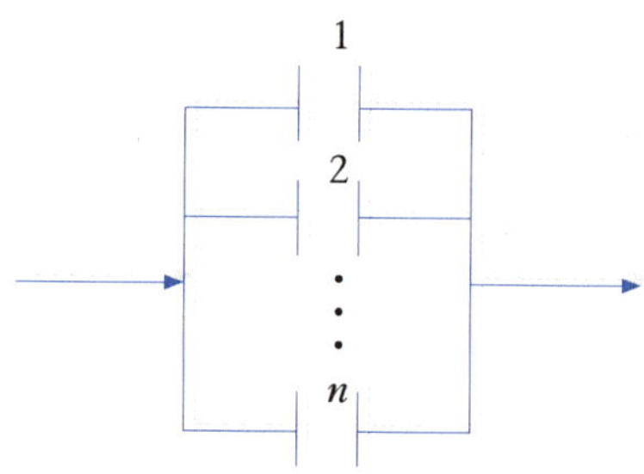

| 그림 1.7|

회로 i가 작동되는 사건을 A_i라 하면 시스템이 작동되는 사건은 $\bigcup_{i=1}^{n} A_i$이며, 이 합 사건에 대한 확률을 구하는 공식은 정리 1.3.5에 주어져 있다. 그런데 n개의 회로가 서로 독립적으로 작동되는 경우에는 다음과 같이 계산하는 것이 편리하다.

$$P\left(\bigcup_{i=1}^{n} A_i\right) = 1 - P\left(\bigcap_{i=1}^{n} A_i^c\right) = 1 - \prod_{i=1}^{n} P(A_i^c)$$
$$= 1 - \prod_{i=1}^{n} (1 - P(A_i))$$

예 1.6.3

A_1, A_2, A_3가 서로 독립이고 $P(A_1) = 0.5$, $P(A_2) = 0.6$, $P(A_3) = 0.7$일 때 확률 $P[(A_1 \cup A_2) \cap A_3^c]$을 구하라.

풀이

$$P(A_1 \cup A_2) = P(A_1) + P(A_2) - P(A_1 \cap A_2)$$
$$= 0.5 + 0.6 - 0.3 = 0.8$$

이므로

$$P[(A_1 \cup A_2) \cap A_3^c] = P(A_1 \cup A_2)\, P(A_3^c)$$
$$= 0.8 \times (1 - 0.7) = 0.24$$

■

연습문제

1. 다음의 각 실험에 대한 적당한 표본공간을 정의하여라.

(1) 동전을 두 번 던진다.
(2) 주사위를 두 번 던져서 나온 눈의 합을 관찰한다.
(3) 어느 제조회사에서 하루 동안 생산된 불량제품을 조사한다.
(4) 어느 특정한 날 특정한 도시의 교통사고 수를 조사한다.
(5) 동전을 던져서 앞면이 두 번 나올 때까지의 시행 횟수를 관찰한다.
(6) 어느 회사에서 생산되는 강철봉의 장력강도를 측정한다.

2. 어느 도시에 거주하고 있는 시민으로부터 임의로 한 명을 선정할 때 선정된 사람이 남자인 사건을 A, 30세 이하인 사건을 B, 한국은행의 고객인 사건을 C라고 할 때 다음의 각 사건을 기호로 나타내어라.

(1) 30세 이하이고 한국은행의 고객이 아닌 남자
(2) 30세 이하이거나 또는 한국은행의 고객인 여자
(3) 30세 이하이거나 또는 여자이지만 둘 다는 아닌 사람
(4) 30세 이하이거나 또는 한국은행의 고객이지만 둘 다는 아닌 남자

3. 사건 A, B, C가 문제 2와 같을 때 다음 각 사건을 말로써 표현하라.

(1) $A\cap(B\cap C)$
(2) $A-(B\cap C)$
(3) $(A\cup B)-(A\cap B)$
(4) $(A\cup B\cup C)-(A\cap B\cap C)$

4. 어떤 모임에서 3명의 남자가 일정한 장소에 자기 모자를 던진 다음 모임이 끝난 후 임의로 모자를 하나씩 선택할 때 적어도 한 사람이 자기 모자를 선택할 확률을 구하라.

5. 방안에 있는 10명 중에서 적어도 두 명의 생일이 같을 확률은 얼마인가? (단, 2월 29일에 태어날 가능성은 무시한다.)

6. 흰 공 2개와 검은 공 2개가 들어 있는 주머니에서 흰 공이 모두 나올 때까지 한 개씩 공을 꺼낼 때 다음의 확률을 구하라.

(1) 마지막 흰 공이 두 번째에 추출되는 사건
(2) 마지막 흰 공이 세 번째에 추출되는 사건
(3) 마지막 흰 공이 네 번째에 추출되는 사건

7. 두 사건 A, B에 대하여 $P(A)=0.4$, $P(A \cup B)=0.7$, $P(B)=p$일 때 다음의 각 경우에 p의 값을 구하여라.

(1) A와 B가 서로 배반
(2) A와 B가 서로 독립

8. 사지선다형 문제에서 어떤 학생이 답을 알고 있을 확률은 p이고, 난순 추측으로 답할 확률이 $1-p$라고 하자. 어떤 학생이 정답을 맞추었을 때, 그 학생이 답을 알고 있었을 확률을 구하라.

9. a개의 흰 공과 b개의 검은 공이 들어 있는 주머니에서 임의로 하나의 공을 꺼내어 색깔을 살핀 후 추출된 공과 같은 색의 공 c개를(꺼낸 공 포함하여 $c+1$개) 다시 주머니에 넣는 시행을 반복할 때 다음의 확률을 구하라.

(1) 두 번째 추출에서 흰 공이 나오는 사건
(2) 세 번째 추출에서 흰 공이 나오는 사건
(3) 세 번째에 흰 공이 나왔을 때, 두 번째에도 흰 공이 나왔을 확률

10. 보험회사는 보험가입자를 위험률이 높은 고객, 보통인 고객, 낮은 고객의 세 부류로 나눈다고 가정하자. 전체 보험가입자 중에 30%는 위험률이 높은 고객, 50%는 보통인 고객, 20%는 낮은 고객이고 1년 계약기간이내에 사고를 일으킬 확률은 각각 0.3, 0.2, 0.1이라 할 때, 다음의 확률을 구하라.

(1) 보험계약자가 1년 계약기간 이내에 사고를 일으킬 확률
(2) 어떤 계약자가 1년 계약기간 이내에 사고를 일으켰다고 가정할 때, 그 계약자가 위험률이 높은 고객일 확률
(3) 보험계약자가 보험에 가입한 첫해에 사고를 일으켰다고 가정할 때, 계약 2년째에도 사고를 일으킬 조건부 확률

11. 두 개의 공정한 주사위를 던지는 시행에서 두 눈의 합이 5나 7이 나올 때까지 시행을 계속한다고 할 때 5가 먼저 나올 확률을 구하라.

12. 다음 시스템에서 i번째 회로가 작동될 확률은 p_i이고 각 회로는 서로 독립적으로 작동된다고 할 때 다음 각 경우의 확률을 구하라.

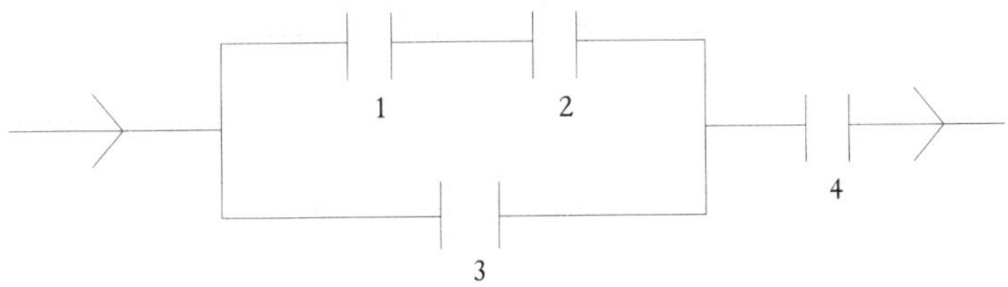

| 그림 1.8|

(1) 시스템이 작동할 확률

(2) 시스템이 작동되었다고 가정했을 때 회로 3이 작동되었을 조건부 확률

(3) 회로 1이 작동되었다고 가정할 때 시스템이 작동할 조건부 확률

chapter

2 이산확률분포

2.1 확률변수

확률실험이 시행될 때 시행의 결과 그 자체보다는 시행결과의 수치적 함수에 관심을 갖게 되는 경우가 많이 있다. 예를 들어, 두개의 주사위를 던지는 시행에서 표본공간은

$$\Omega = \{(i, j) \mid i, j = 1, 2, 3, 4, 5, 6\}$$

이고 시행의 결과 $w = (i, j)$보다 두 주사위의 눈의 합이 얼마인가에 관심을 가지면 관심의 대상은

$$X(w) = i + j$$

가 된다. 이와 같이 표본공간 Ω의 각 원소 w에 실수 값 $X(w)$를 대응시키는 함수

$$X : \Omega \to R$$

를 **확률변수**(random variable)라 하고, 실수의 부분집합 $A \subset R$에 대하여, 함수값 $X(w)$이 A안에 있을 사건 $X^{-1}(A) = \{w \in \Omega : X(w) \in A\}$를 간단히 $\{X \in A\}$로 나타낸다.

이때 확률변수 $X=2$에 대응하는 확률은 $P(X=2)=\frac{1}{36}$이 된다. 이렇게 확률변수 X가 취할 수 있는 모든 실수 값 또는 실수 범위에 대하여 확률을 대응시키는 관계를 X의 **확률분포**(probability distribution)라고 한다.

예 2.1.1

두 개의 공정한 동전을 던지는 시행에서 앞면이 나오는 횟수를 X라고 하면, $\Omega=\{HH, HT, TH, TT\}$이고

$$X(HH)=2,\ X(HT)=X(TH)=1,\ X(TT)=0$$

이므로

$$P_X(\{0\})=P(X=0)=P(\{TT\})=\frac{1}{4}$$
$$P_X(\{1\})=P(X=1)=P(\{HT, TH\})=\frac{1}{2}$$
$$P_X(\{2\})=P(X=2)=P(\{HH\})=\frac{1}{4}$$

예 2.1.2

구간 $[0, 1]$에서 임의로 한 점을 택하는 시행에서 택하여진 점의 좌표를 X라고 하면 표본공간은 $\Omega=[0, 1]$이고

$$X:\Omega\rightarrow R,\ X(\omega)=w$$

이다. 임의의 $[a, b]\subset R$에 대하여 $P(a\leqq X\leqq b)=$구간 $[a, b]\cap[0, 1]$의 길이이다.

예 2.1.3

공정한 주사위를 독립적으로 반복하여 던지는 시행에서 처음으로 6의 눈이 나올 때까지의 시행횟수를 X라 하면, X는 1, 2, 3, $\cdots$ 중의 한 값을 위하는 확률변수이고

$$P(X=n)=\left(\frac{5}{6}\right)^{n-1}\left(\frac{1}{6}\right),\ n=1,\ 2,\ \cdots$$

이다.

확률변수 X가 취할 수 있는 값이 유한이거나 무한이라도 셀 수 있는 경우 X를 **이산 확률변수**(discrete random variable)라 하고, 확률변수가 취할 수 있는 값들이 셀 수 없이 무한인 경우, 즉 주어진 실수 구간 내에 어떠한 실수도 취할 수 있는 경우, 확률변수 X를 **연속 확률변수**(continuous random variable)라 한다.

2.2 분포함수

X가 확률변수일 때 임의의 실수 x에 대하여

$$F_X(x) = P(X \le x)$$

로 정의된 함수 F를 X의 **누적분포함수**(cumulative distribution funtion) 또는 간단히 **분포함수**라고 한다.

[분포함수의 성질]

임의의 확률변수 X의 분포함수에 대하여 다음이 성립한다.

(1) F_X는 단조증가함수이다 : 즉, $a < b$이면 $F_X(a) \le F_X(b)$이다.

(2) $\lim_{x \to \infty} F_X(x) = 1,\quad \lim_{x \to -\infty} F_X(x) = 0$

(3) F_X는 우연속인 함수이다 : 즉, $\lim_{x \to a^+} F_X(x) = F_X(a)$이다.

예 2.2.1

두 개의 동전을 던지는 시행에서 앞면이 나오는 횟수를 X라고 하면

$$P(X=0) = \frac{1}{4},\quad P(X=1) = \frac{1}{2},\quad P(X=2) = \frac{1}{4}$$

이므로 X의 분포함수는

$$F_X(x) = P(X \le x) = \begin{cases} 0, & x < 0 \\ \frac{1}{4}, & 0 \le x < 1 \\ \frac{3}{4}, & 1 \le x < 2 \\ 1, & 2 \le x \end{cases}$$

이다.

2.3 이산 확률변수

확률변수 X가 취할 수 있는 값이 유한이거나 무한이라도 셀 수 있는 경우 X를 **이산 확률변수**(discrete random variable)라 하고, X의 분포를 **이산분포**라고 부른다. X가 이산 확률변수일 때, 임의의 실수 x에 대하여

$$p(x) = P(X = x)$$

로 정의된 함수 $p(x)$를 X의 **확률 질량함수**(probability mass function) 또는 간단히 **확률함수**라고 한다. X가 취할 수 있는 값들을 $\{x_1,\ x_2,\ \cdots\}$로 나타내면

(1) $p(x_i) \ge 0, \qquad i = 1, 2, \cdots$

(2) $\displaystyle\sum_{i=1}^{\infty} p(x_i) = 1$

(3) $\displaystyle P(X \in A) = \sum_{x_i \in A} p(x_i)$ (3.1)

가 성립한다. 또한, X의 분포함수는 다음과 같이 확률함수에 의하여 구할 수 있다.

$$F_X(x) = \sum_{x_i \le x} p(x_i)$$

따라서 이산 확률변수에 대하여는 확률분포를 안다는 것은 확률함수를 안다는 것과 동치가 된다.

예 2.3.1

공정한 동전을 두 번 던지는 시행에서 앞면이 나오는 횟수를 X라 할 때 X의 확률함수는

$$p(0)=\frac{1}{4},\quad p(1)=\frac{1}{2},\quad p(2)=\frac{1}{4}$$

이다.

이산 확률변수의 기댓값을 정의하기 위하여 다음 표와 같은 복권 판매 시스템에서 복권 1장을 산 사람이 기대할 수 있는 상금을 계산해 보자. (단위 : 만원)

복권상금	1000	500	100	50	10	1	0	계
발행매수	1	2	5	8	14	30	40	100

이때, 기대금액은 복권에 걸린 총 상금을 전체 발행매수로 나누면 되므로

$$\begin{aligned}\text{기대금액} &= \frac{1}{100}\{1000\times1+500\times2+100\times5+50\times8+10\times14+1\times30+0\times40\}\\ &= 30.7\text{만원}\end{aligned}$$

이 경우를 확률적인 용어로 바꾸어 보면, 복권 1장을 산 사람의 복권상금을 X이라 하면 X는 다음과 같은 확률분포를 갖는 이산 확률변수이다.

x_i	1000	500	100	50	10	1	0	계
$p(x_i)$	1/100	2/100	5/100	8/100	14/100	30/100	40/100	1

이때, X의 기댓값은

$$1000\times\frac{1}{100}+500\times\frac{2}{100}+100\times\frac{5}{100}+50\times\frac{8}{100}+10\times\frac{14}{100}+1\times\frac{30}{100}+0\times\frac{40}{100}$$
$$=30.7$$

일반적으로, 이산 확률변수 $X\in x_1,\ x_2,\ \cdots$에 대하여 $\sum_{i=1}^{\infty}|x_i|\,p(x_i)<\infty$일 때 $\sum_{i=1}^{\infty}x_i\,p(x_i)$을 X의 **기댓값**(Expectation) 또는 **평균**(mean)이라 하고 $E(X)$으로 나타낸다.

이산 확률변수 X와 함수 $g:R\to R$의 합성에 의하여 얻어진 새로운 확률변수 $Y=g(X)$의 기댓값을 구하려면 Y의 확률분포를 먼저 구해야 한다. 그러나 다음의 정리는 이러한 복잡한 과정을 거치지 않고 X의 확률분포에 의하여 곧바로 Y의 기댓값을 구할 수 있는 방법을 제시해 준다.

[정리 2.3.1]

이산 확률변수 $X\in x_1,\ x_2,\ \cdots$에 대하여

$$E[g(X)]=\sum_{i=1}^{\infty}g(x_i)\,p(x_i)$$

이 성립한다.

예 2.3.2

X의 확률분포가 다음과 같다고 하자.

x_i	-1	0	1	2
$p(x_i)$	$\frac{1}{8}$	$\frac{1}{4}$	$\frac{1}{8}$	$\frac{1}{2}$

이때, $Y=X^2$의 확률분포를 구하면 다음과 같다.

y_j	0	1	4
$p_Y(y_j)$	$\frac{1}{4}$	$\frac{1}{4}$	$\frac{1}{2}$

따라서 기댓값의 정의에 의하여 Y의 기댓값을 구하면

$$E(X^2) = 0 \cdot \frac{1}{4} + 1 \cdot \frac{1}{4} + 4 \cdot \frac{1}{2} = \frac{9}{4}$$

이다. 한편, 정리 2.3.1을 사용하여 $Y = X^2$의 기댓값을 구하면

$$E(X^2) = (-1)^2 \cdot \frac{1}{8} + 0^2 \cdot \frac{1}{4} + 1^2 \cdot \frac{1}{8} + 2^2 \cdot \frac{1}{2} = \frac{9}{4}$$

이다.

[확률변수의 기댓값의 성질]

(1) a, b가 상수이면, $E(aX + b) = aE(X) + b$

(2) $E[g_1(X) + g_2(X)] = E[g_1(X)] + E[g_2(X)]$

평균은 X의 확률분포의 중심위치에 대한 측도이다. 이제, 확률분포의 산포에 대한 측도인 분산에 대하여 살펴보자.

$E(X) = \mu$일 때, $E[(X-\mu)^2]$을 X의 **분산**(variance)이라 하고 $Var(X)$로 나타낸다.

[확률변수의 분산의 성질]

(1) $E(X) = \mu$일 때 $Var(X) = E(X^2) - \mu^2$이 성립한다.

(2) a, b가 상수이면 $Var(aX + b) = a^2 Var(X)$이 성립한다.

예 2.3.3

X의 확률분포가 예 2.3.2와 같다고 하면,

$$E(X) = (-1) \cdot \frac{1}{8} + 0 \cdot \frac{1}{4} + 1 \cdot \frac{1}{8} + 2 \cdot \frac{1}{2} = 1$$

$$E(X^2) = (-1)^2 \cdot \frac{1}{8} + 0^2 \cdot \frac{1}{4} + 1^2 \cdot \frac{1}{8} + 2^2 \cdot \frac{1}{2} = \frac{9}{4}$$

이므로

$$Var(X) = \frac{9}{4} - 1^2 = \frac{5}{4}$$

이다.

2.4 이항분포와 Poisson 분포

동전을 던지는 시행에서는 나올 수 있는 결과가 앞면(H) 또는 뒷면(T)의 두 가지 경우뿐이다. 이와 같이, 오직 두 가지 형태의 결과만이 가능한 시행을 베르누이(Bernoulli) 시행이라 하고, 두 결과를 성공(Success)과 실패(Failure)로 나타낸다. 성공할 확률이 $p\,(0 < p < 1)$인 **베르누이 시행**을 n번 독립적으로 반복할 때 나타나는 성공 횟수를 X라고 하면 X의 확률함수는 다음과 같다.

$$p(k) = \binom{n}{k} p^k (1-p)^{n-k}, \qquad k = 0,\ 1,\ \cdots,\ n \tag{4.1}$$

여기서 $\binom{n}{k} = \dfrac{n!}{k!\,(n-k)!}$이므로 위의 $p(k)$는 확률함수의 요구조건인 앞 절의 식 (3.1)을 만족하는 것은 자명하다.

확률변수 X의 확률함수가 식 (4.1)로 주어질 때, X의 분포를 '모수 $(n,\ p)$인 **이항분포** (binomial distribution)'하고, 기호로는 $X \sim B(n,\ p)$로 나타내며, 확률함수 (4.1)을 $b(k;\,n,\ p)$로 나타낸다. 특히, $n = 1$인 경우를 모수 p인 **베르누이 분포**라 한다.

예 2.4.1

앞면이 나올 확률이 p인 동전을 3회 던질 때 앞면이 나오는 횟수를 X로 나타내면

$$P(X = 0) = P(\{(T,\ T,\ T)\}) = (1-p)^3$$

$$P(X=1)=P(\{(H,T,T),(T,H,T),(T,T,H)\})=3p(1-p)^2$$
$$P(X=2)=P(\{(H,H,T),(H,T,H),(T,H,H)\})=3p^2(1-p)$$
$$P(X=3)=P(\{(H,H,H)\})=p^3$$

즉, $X\sim B(3,p)$이다.

예 2.4.2

어떤 질병의 치료에 80% 효과가 있는 약이 있다. 이 질병이 있는 10명의 환자에게 이 약을 투여했을 때 치료된 환자의 수가 6명 이하일 확률을 구하라.

풀이) 약을 복용한 10명의 환자 중에서 치료된 환자의 수를 X라 하면 $X\sim B(10,\ 0.8)$이다. 따라서 구하는 확률은

$$P(X\le 6)=\sum_{k=0}^{6}\binom{10}{k}(0.8)^k(0.2)^{10-k}=0.1209$$ ■

예 2.4.3

어떤 시스템에서 각 성분이 정상적으로 작동할 확률이 $p(0<p<1)$이고, 각각의 성분은 서로 독립적으로 작동된다고 하자.

이 시스템의 성분 중에서 적어도 50% 이상이 정상적으로 작동되면 전체 시스템이 효과적으로 작동된다고 가정할 때, 4개의 성분으로 구성된 시스템이 2개의 성분으로 구성된 시스템보다 더 효과적으로 작동하기 위한 p의 값의 범위를 구하라.

풀이) 4개의 성분으로 구성된 시스템이 효과적으로 작동될 확률은

$$1-\binom{4}{0}p^0(1-p)^4-\binom{4}{1}p(1-p)^3=1-(1-p)^4-4p(1-p)^3$$

이고, 2개의 성분으로 구성된 시스템이 효과적으로 작동될 확률은

$$1-\binom{2}{0}p^0(1-p)^2=1-(1-p)^2$$

이므로, 문제의 조건에 의하여

$$1-(1-p)^4-4p(1-p)^3 \geq 1-(1-p)^2$$

이 성립해야 한다. 이 부등식을 정리하면

$$p(1-p)^2(3p-2) \geq 0$$

이므로 $p \geq \dfrac{2}{3}$를 얻는다. ■

예 2.4.4

잡음이 있는 통신로에 블록 당 16비트로 구성된 데이터를 전송하는 시스템에서, 블록 내의 각 디지트가 독립이고 오차가 발생할 확률이 0.1이라 할 때, 한 블록 내의 오차가 2개 이하일 확률을 구하라.

풀이 한 블록 내의 오차의 수를 X라 하면 $X \sim B(16, 0.1)$이므로

$$P(X \leq 2) = \sum_{k=0}^{2} \binom{16}{k} (0.1)^k (0.9)^{16-k} = 0.789$$ ■

이항분포의 평균 분산은 다음과 같다.

$$E(X) = \sum_{x=0}^{n} x \binom{n}{x} p^x q^{n-x} = np \sum_{x=1}^{n-1} \binom{n-1}{x-1} p^{x-1} q^{n-x} = np,$$

$$\begin{aligned} E[X(X-1)] &= \sum_{x=0}^{n} x(x-1) \binom{n}{x} p^x q^{n-x} \\ &= n(n-1)p^2 \sum_{x=2}^{n-2} \binom{n-2}{x-2} p^{x-2} q^{n-x} = n(n-1)p^2, \end{aligned}$$

$$Var(X) = E[X(X-1)+X] - E^2(X)$$
$$= n(n-1)p^2 + np - n^2p^2 = np(1-p)$$

확률변수 X의 확률함수가

$$P(X=k) = e^{-\lambda}\frac{\lambda^k}{k!}, \qquad k=0,\ 1,\ 2,\ \cdots$$

로 주어질 때, '**X는 모수 λ인 포아송 분포(Poisson distribution)를 갖는다**.'하고 기호로는 $X \sim \mathrm{POI}(\lambda)$로 나타내며, 확률함수는 $p(k;\ \lambda)$로 나타낸다.

포아송 분포는 n이 충분히 크고 p가 충분히 작은 경우에 이항분포 $B(n,\ p)$의 근사에 이용될 뿐 아니라 하루 동안에 은행에 오는 고객의 수, 문서 한 페이지에서 발견되는 오자·탈자의 수 등과 같이 일정시간 또는 일정공간에서 일어나는 어떤 사건의 발생횟수에 대한 확률모형으로서 유용하게 사용된다.

예 2.4.5

하루 동안 어떤 은행을 이용하는 고객의 수 X가 $\lambda=8$인 포아송(Poisson)분포를 따른다고 가정하면

$$P(X \le 2) = \sum_{k=0}^{2} e^{-8}\frac{8^k}{k!} = 0.014$$

이다.

포아송 분포의 기대값과 분산은 다음과 같이 계산된다.

$$E(X) = \sum_{x=0}^{\infty} xe^{-\lambda}\frac{\lambda^x}{x!} = e^{-\lambda}\sum_{x=1}^{\infty}\frac{\lambda^x}{(x-1)!}$$
$$= \lambda e^{-\lambda}\sum_{k=0}^{\infty}\frac{\lambda^k}{k!} = \lambda e^{-\lambda}e^{\lambda} = \lambda$$

이고,

$$\begin{aligned} E(X^2) &= E[X(X-1)] + E(X) \\ &= \sum_{x=0}^{\infty} x(x-1)e^{-\lambda}\frac{\lambda^x}{x!} + \lambda \\ &= \sum_{x=2}^{\infty} e^{-\lambda}\frac{\lambda^x}{(x-2)!} + \lambda \\ &= \lambda^2 e^{-\lambda}\sum_{k=0}^{\infty}\frac{\lambda^k}{k!} + \lambda \\ &= \lambda^2 + \lambda \end{aligned}$$

이므로

$$Var(X) = E(X^2) - \lambda^2 = \lambda$$

위와 같이 포아송 분포의 기대값과 분산은 같음을 관찰할 수 있다. 포아송 분포를 따르는 확률변수는 n이 크고 np가 적당한 크기가 되도록 p가 충분히 작을 때 모수가 (n, p)인 이항확률변수의 근사로도 사용할 수 있다.

[이항 분포의 포아송 근사]

$0 < p_n < 1$ $(n = 1, 2, \cdots)$인 실수 열 $p_1, p_2, \cdots$에 대하여

$$\lim_{n \to \infty} np_n = \lambda \text{(양의 상수) 이면}$$

$$\lim_{n \to \infty} b(k\,;\, n, p_n) = e^{-\lambda}\frac{\lambda^k}{k!}, \quad k = 0, 1, 2, \cdots \tag{4.2}$$

예 2.4.6

불량품을 생산할 확률이 0.01인 어떤 기계가 하루 동안에 300개의 물건을 생산할 때, 이 중에서 불량품의 개수를 X라 하면, $X \sim B(300, 0.01)$이므로

$$\begin{aligned} P(X=4) &= b(4; 300, 0.01) \\ &= \binom{300}{4} 0.01^4 \times 0.99^{296} = 0.1689 \end{aligned}$$

이다. 그런데 $\lambda = 300 \times 0.01 = 3$을 모수로 갖는 포아송 분포에 의하여 근사적으로 계산하면

$$P(X=4) = p(4\,;\,3) = e^{-3}\frac{3^4}{4!} = 0.1680$$

이다.

2.5 기하분포와 음의 이항분포

성공할 확률이 $p(0<p<1)$인 베르누이시행을 독립적으로 반복할 때, 처음 성공할 때까지의 시행횟수를 X라고 하면 X의 확률함수는 다음과 같다.

$$p(k) = P(X=k) = (1-p)^{k-1}p, \quad k = 1, 2, \cdots \tag{5.1}$$

이와 같이 확률변수 X의 확률함수가 식 (5.1)로 주어질 때, X의 분포를 '**모수 p인 기하분포**(geometric distribution)'라 하고 기호로는 $X \sim \mathrm{GEO}(p)$로 나타낸다.

기하분포라는 말은 식 (5.1)로 주어지는 확률함수가 기하수열 (등비수열)을 이룬다는 사실에서 유래된 것이다.

성공할 확률이 $p(0<p<1)$인 베르누이시행을 독립적으로 반복할 때, r회 성공할 때까지의 시행횟수를 X라고 하면 X의 확률함수는 다음과 같다.

$$p(k) = \binom{k-1}{r-1}p^r(1-p)^{k-r}, \quad k = r, r+1, \cdots \tag{5.2}$$

이와 같이 X의 확률함수가 식 (5.2)로 주어질 때, X의 분포를 '모수 (r, p)인 **음의 이항분포**(negative binomial distribution)'라 하고 기호로는 $X \sim \mathrm{NB}(r, p)$로 나타낸다.

예 2.5.1

타율이 0.3 인 어떤 야구선수가 있다. 매 타석마다 안타를 칠 사건이 독립이라 가정할 때, 다음의 확률을 구하라.

(1) 4타석에서 처음으로 안타를 칠 확률
(2) 5타석에서 세 번째 안타를 칠 확률

풀이 (1) 처음으로 안타를 치는 타석을 X타석이라 하면 $X \sim \mathrm{GEO}(0.3)$이므로

$$P(X=4)=(0.7)^3(0.3)=0.1029$$

(2) 세 번째 안타를 치는 타석을 Y 타석이라 하면 $Y \sim \mathrm{NB}(3, 0.3)$이므로

$$P(Y=5)=\binom{4}{2}(0.3)^3(0.7)^2=0.0794$$

■

기하 분포의 평균과 분산은 $q=1-p$로 놓고 다음과 같이 계산된다.

$$\begin{aligned} E(X) &= \sum_{x=1}^{\infty} xpq^{x-1} = p\sum_{x=1}^{\infty} xq^{x-1} = p\frac{d}{dq}\left(\sum_{x=0}^{\infty} q^x\right) \\ &= p\frac{d}{dq}\left(\frac{1}{1-q}\right) = \frac{p}{(1-q)^2} = \frac{1}{p} \end{aligned}$$

$$\begin{aligned} E(X^2) &= E[X(X-1)]+E(X) \\ &= \sum_{x=1}^{\infty} x(x-1)pq^{x-1} + \frac{1}{p} = pq\sum_{x=2}^{\infty} x(x-1)q^{x-2} + \frac{1}{p} \\ &= pq\frac{d^2}{dq^2}\left(\sum_{x=0}^{\infty} q^x\right) + \frac{1}{p} = pq\frac{d^2}{dq^2}\left(\frac{1}{1-q}\right) + \frac{1}{p} \\ &= \frac{1+q}{p^2} \end{aligned}$$

이므로 $Var(X)=\dfrac{q}{p^2}$이다.

2.6 초기하분포

흰 공 M개를 포함하여 전체 N개의 공이 들어 있는 주머니에서 n개의 공을 비복원 추출할 때에 나오는 흰 공의 수를 X로 나타내면 X의 확률함수는 다음과 같다.

$$p(k) = \frac{\binom{M}{k}\binom{N-M}{n-k}}{\binom{N}{n}} \tag{6.1}$$

$$(\text{단, } k = \max(0,\ n-N+M),\ \cdots,\ \min(n,\ M))$$

이와 같이 X의 확률함수가 식 (6.1)로 주어질 때, X의 분포를 초기하분포(hypergeometric distribution)라 하고, 기호로는 $X \sim \mathrm{HYP}(N, M, n)$으로 나타낸다.

여기서 $(1+x)^M(1+x)^{N-M} = (1+x)^N$의 전개식에서 x^n의 계수를 비교하면

$$\sum_k \binom{M}{k}\binom{N-M}{n-k} = \binom{N}{n}$$

이므로 확률함수의 요구조건 $\sum_k p(k) = 1$이 성립함을 알 수 있다.

예 2.6.1

25개의 마이크로 칩이 들어있는 상자 속에 결함이 있는 칩이 3개가 있다고 가정하자. 마이크로 칩을 구매하는 사람은 상자에서 임의로 10개의 칩을 추출 검사하여 결함 있는 칩이 1개 이하일 때 그 상자를 구매하기로 한다면, 이 마이크로 칩 상자가 구매될 확률을 구하라.

풀이 임의로 추출한 10개의 칩 중에서 결함 있는 칩의 개수를 X라 하면 $X \sim \mathrm{HYP}(25, 3, 10)$이므로 구하는 확률은

$$P(X \leq 1) = \frac{\binom{3}{0}\binom{22}{10}}{\binom{25}{10}} + \frac{\binom{3}{1}\binom{22}{9}}{\binom{25}{10}} = \frac{301}{460}$$ ■

[초기하분포의 이항분포에의 근사]

$X \sim \mathrm{HYP}(N, M, n)$이고 $\lim_{N \to \infty} \frac{M}{N} = p$이면

$$\lim_{N \to \infty} P(X = k) = n$$

이 성립한다.

위의 정리는 N이 충분히 크면 초기하분포는 이항분포에 근사시킬 수 있음을 의미한다.

예 2.6.2

100개의 기계부품이 들어 있는 상자 속에 10개의 불량품이 포함되어 있다고 가정하자. 이 중에서 20개의 부품을 무작위로 추출할 때 다음의 각 경우에 대하여 불량품이 3개 나올 확률을 구하라.

(1) 복원추출인 경우
(2) 비복원추출인 경우

풀이 무작위로 추출한 20개의 부품 중에서 불량품의 개수를 X라 하자.

(1) $X \sim B\left(20, \frac{1}{10}\right)$이므로 구하는 확률은

$$P(X = 3) = \binom{20}{3}(0.1)^3(0.9)^{17} = 0.1901$$

(2) $X \sim \mathrm{HYP}(100, 10, 20)$이므로 구하는 확률은

$$P(X=3) = \frac{\binom{10}{3}\binom{90}{17}}{\binom{100}{20}} = 0.2092$$ ■

초기하 분포 $X \sim \mathrm{HYP}(N, M, n)$에 대한 평균과 분산은 다음과 같다.

$$E(X) = n\frac{M}{N}$$

$$Var(X) = n\frac{M}{N}\left(1 - \frac{M}{N}\right)\left(\frac{N-n}{N-1}\right)$$

연습문제

1. 다섯 개의 공정한 동전을 던질 때 나타나는 앞면의 수를 X라 할 때 X의 확률분포를 구하라.

2. 10개의 성분으로 구성되어 있는 전기제품의 구입자가 임의로 3개의 성분을 검사하여 모두 우량품일 때만 그 전기제품을 구입하기로 한다. 전기제품의 30%는 4개의 불량성분을 가지고 있고 70%는 1개의 불량성분을 가지고 있다고 가정할 때 임의로 선정된 전기제품이 구입자에 의하여 구매될 확률을 구하라.

3. 흰 공 a개와 검은 공 b개가 들어있는 주머니에서 복원추출로 검은 공이 나올 때까지 공을 꺼내는 횟수가 적어도 k 이상일 확률을 구하라.

4. X의 분포함수가 F이고 $a \neq 0$와 b가 상수일 때 $aX+b$의 분포함수를 구하라.

5. 함수 $p(k)=\begin{cases} c\ k^{-\alpha}, & k=1, 2, \cdots \\ 0\ , & \text{그 이외} \end{cases}$

   가 확률함수이기 위한 α값의 범위를 구하라.

6. $X \sim \mathrm{GEO}(p)$일 때 X의 분포함수를 구하라.

7. X의 분포함수가 다음과 같다.

$$F(x)=\begin{cases} 0 & , \ x<0 \\ \dfrac{x}{4} & , \ 0 \le x < 1 \\ \dfrac{1}{2}+\dfrac{x-1}{4} & , \ 1 \le x < 2 \\ \dfrac{5}{6} & , \ 2 \le x < 3 \\ 1 & , \ 3 \le x \end{cases}$$

(1) $P(X=i), \quad i=1, 2, 3$을 구하라.

(2) $P\left(\dfrac{1}{2} < X < \dfrac{3}{2}\right)$을 구하라.

8. 사지선다형 객관식 문제가 5개 있을 때, 한 학생이 단지 추측에 의하여 4개 이상의 정답을 맞힐 확률을 구하라.

9. 어느 가정에 하루 동안 걸려오는 전화의 수는 $\lambda=3$인 포아송 분포를 따른다고 하자.

(1) 하루 동안 전화가 3통 이상 걸려올 확률을 구하라.

(2) 하루 동안 전화가 적어도 1통 걸려온다는 가정 하에 전화가 3통 이상 걸려올 조건부 확률을 구하라.

10. 어느 특정기간에 일어나는 사건의 수는 모수가 λ인 포아송 분포를 따른다고 하자. 각 사건이 실제 일어난 사건으로 보고될 확률은 p이고 다른 사건과는 독립적으로 보고된다고 가정할 때 보고되는 사건들의 수 X의 확률분포를 구하라.

chapter

3 연속확률분포

3.1 연속확률변수

확률변수가 취할 수 있는 값들의 집합이 셀 수 없이 무한인 경우, 즉 주어진 실수 구간 내에 어떠한 실수도 취할 수 있는 경우, 확률변수 X를 **연속확률변수**(continuous random variable)라 한다. 예를 들어, $[0, 1]$에서 임의로 하나의 수 (난수)를 선택하는 경우에는 치역이 $[0, 1]$이고, 특정회사에서 생산되는 전구의 수명은 $(0, \infty)$이다. 즉, 임의의 $A \subset R$에 대하여

$$P(X \in A) = \int_A f(x)dx \tag{1.1}$$

를 만족하는 음이 아닌 함수 f가 존재할 때, X는 **연속확률변수**(continuous random variable)라 하고 f는 X의 **확률밀도함수**(probability density function)라고 부른다. 따라서 확률밀도함수의 요구조건은

$$(1)\ \ f(x) \geq 0, \quad -\infty < x < \infty \tag{1.2}$$

$$(2)\ \ \int_{-\infty}^{\infty} f(x)dx = 1 \tag{1.3}$$

이다. 또한, (1.1)에 의하여

$$P(a \leq X \leq b) = \int_a^b f(x)dx$$

가 성립하므로

$$P(X = a) = \int_a^a f(x)dx = 0$$

을 얻는다. 또한, X의 분포함수 F는

$$F(x) = P(X \leq x) = \int_{-\infty}^x f(y)\,dy$$

로 나타내지므로 f의 연속 점 x에서

$$f(x) = \frac{d}{dx}F(x)$$

이 성립한다.

예 3.1.1

X의 확률밀도함수가

$$f(x) = \begin{cases} c(2x - x^2), & 0 < x < 2 \\ 0, & \text{그 이외} \end{cases}$$

일 때

(1) 상수 c의 값을 구하라.
(2) $P(X > 1)$을 구하라.
(3) X의 분포함수 $F(x)$를 구하라.

풀이 (1) 확률밀도함수의 요구조건 (1.3)에 의하여

$$1 = c\int_0^2 (2x - x^2)dx = \frac{4}{3}c$$

이므로 $c = \frac{3}{4}$이다.

(2) $P(X > 1) = \int_1^{\infty} f(x)\,dx = \frac{3}{4}\int_1^2 (2x - x^2)dx = \frac{1}{2}$

(3) $0 < x < 2$일 때

$$F(x) = \int_{-\infty}^{x} f(y)dy = \frac{3}{4}\int_{0}^{x}(2y - y^2)dy$$
$$= \frac{3}{4}x^2 - \frac{1}{4}x^3$$

이므로

$$F(x) = \begin{cases} 0, & x \leq 0 \\ \frac{3}{4}x^2 - \frac{1}{4}x^3, & 0 < x < 2 \\ 1, & x \geq 2 \end{cases}$$

이다. ■

확률밀도함수 $f(x)$를 가지는 연속 확률변수 X에 대하여, $\int_{-\infty}^{\infty} |x| f(x)\,dx < \infty$ 일 때

$$E(X) = \int_{-\infty}^{\infty} x f(x)\,dx$$

을 X의 **기댓값**이라 한다. 이산 확률변수의 기댓값에 대한 여러 가지 성질들은 연속인 경우에도 성립한다. 마찬가지로, $\mu = E(X)$일 때, X의 **분산**은

$$Var(X) = E[(X - \mu)^2] = \int_{-\infty}^{\infty} (x - \mu)^2 f(x)\,dx$$

로 정의된다.

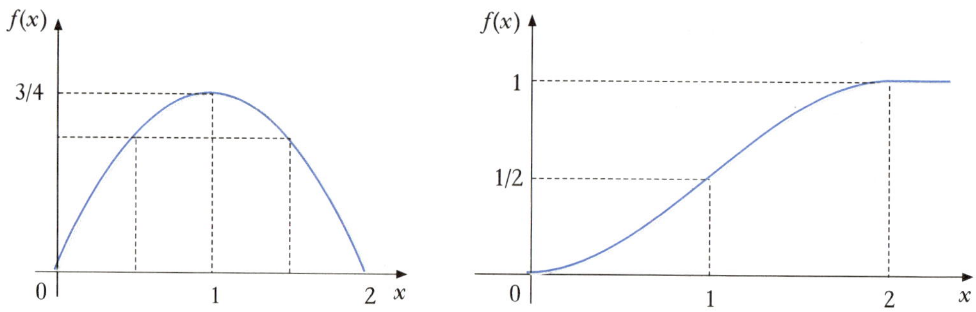

|그림 3.1|

예 3.1.2

예 3.1.1의 경우에 대한 기댓값과 분산은 다음과 같다.

$$E(X) = \frac{3}{4}\int_0^2 x(2x - x^2)\,dx = 1,$$

$$E(X^2) = \frac{3}{4}\int_0^2 x^2(2x - x^2)\,dx = \frac{6}{5}$$

이므로

$$Var(X) = \frac{6}{5} - 1^2 = \frac{1}{5}$$

이다.

3.2 균등분포

임의의 두 실수 a, $b\,(a<b)$에 대하여 확률밀도함수가

$$f(x) = \begin{cases} \dfrac{1}{b-a}, & a<x<b \\ 0, & \text{그 이외} \end{cases}$$

로 주어지는 확률변수 X의 분포를 $(a,\ b)$ 위에서의 **균등분포**(Uniform distribution)라 하고, 기호로는 $X \sim U(a,\ b)$로 나타낸다. 이때 X의 분포함수는 다음과 같다.

$$F(x) = \begin{cases} 0, & x \le a \\ \dfrac{x-a}{b-a}, & a < x < b \\ 1, & x \ge b \end{cases}$$

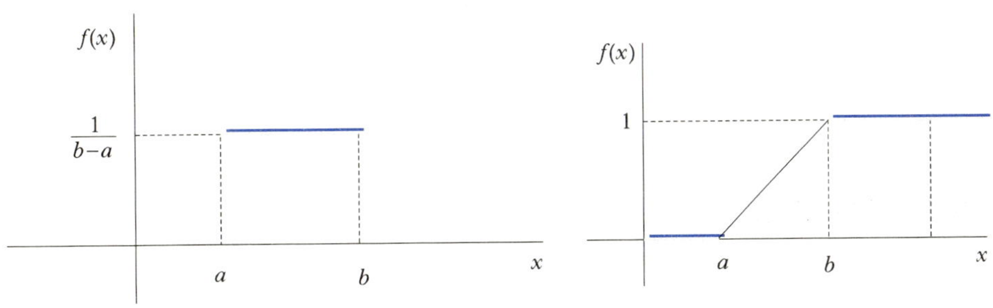

|그림 3.2|

참고로, 균등분포는 일양분포 또는 평등분포라고 부르기도 한다.

예 3.2.1

버스가 어떤 정거장에 7시부터 15분 간격으로 도착한다. 어떤 여행객이 그 정거장에 도착하는 시간이 7시와 7시 30분 사이의 균등분포를 따른다고 할 때 버스를 5분 이상 기다릴 확률을 구하라.

풀이 여행객이 정거장에 도착하는 시간을 7시 X분이라고 하면, 가정에 의하여 $X \sim U(0,\ 30)$이다. 그런데, 5분 이상 기다리는 경우는 7시 ~ 7시 10분 또는 7시 15분 ~ 25분 사이에 정거장에 도착하는 경우이므로 구하는 확률은

$$\begin{aligned} &P(0 < X < 10) + P(15 < X < 25) \\ &= \int_0^{10} \frac{1}{30} dx + \int_{15}^{25} \frac{1}{30} dx = \frac{2}{3} \end{aligned}$$

이다. ■

균등분포 $U(0, 1)$의 기댓값과 분산은 다음과 같다.

$$E(X) = \int_a^b \frac{x}{b-a} dx = \frac{b^2 - a^2}{2(b-a)} = \frac{a+b}{2}$$

$$E(X^2) = \int_a^b \frac{x^2}{b-a} dx = \frac{b^3 - a^3}{3(b-a)} = \frac{a^2 + ab + b^2}{3}$$

이므로 $Var(X) = \dfrac{(b-a)^2}{12}$ 이다.

3.3 지수분포

$\lambda > 0$일 때 확률밀도함수가

$$f(x) = \begin{cases} \lambda e^{-\lambda x}, & x > 0 \\ 0, & x \leq 0 \end{cases}$$

으로 주어지는 확률변수 X의 분포는 모수 λ를 갖는 **지수분포**라 하고 기호로는 $X \sim \mathrm{EXP}(\lambda)$로 나타낸다. 이때, X의 분포함수는 다음과 같다.

$$F(x) = \begin{cases} 0, & x \leq 0 \\ 1 - e^{-\lambda x}, & x > 0 \end{cases}$$

예 *3.3.1*

전화 통화시간(단위: 분)은 모수가 $\lambda = \dfrac{1}{3}$인 지수분포를 따른다고 하자. 어떤 사람 A가 전화를 걸기 위해 전화 부스에 도착했을 때 다른 사람이 앞서 전화 부스에 도착했다고 가정할 때 A가 6분 이상 기다릴 확률을 구하라.

풀이 A보다 앞서 전화 부스에 도착한 사람의 통화시간을 X라 하면 $X \sim \mathrm{EXP}\left(\frac{1}{3}\right)$이므로 구하는 확률은

$$P(X > 6) = \int_6^\infty \frac{1}{3} e^{-\frac{x}{3}} dx = e^{-2} = 0.1354$$ ■

[지수분포의 무기억성]

$X \sim \mathrm{EXP}(\lambda)$이면 임의의 $s > 0$, $t > 0$에 대하여

$$P(X > s+t \mid X > s) = P(X > t)$$

이 성립한다.

지수 분포의 기대 값과 분산은 다음과 같다.

$$E(X) = \int_0^\infty x\, \lambda e^{-\lambda x} dx = \int_0^\infty x(-e^{-\lambda x})' dx$$
$$= \int_0^\infty e^{-\lambda x} dx = \frac{1}{\lambda}$$

$$E(X^2) = \int_0^\infty x^2 \lambda e^{-\lambda x} dx = \int_0^\infty x^2(-e^{-\lambda x})' dx$$
$$= \int_0^\infty 2x e^{-\lambda x} dx = \frac{2}{\lambda^2}$$

이므로

$$Var(X) = \frac{2}{\lambda^2} - (\frac{1}{\lambda})^2 = \frac{1}{\lambda^2}$$

이다.

3.4 정규분포

임의의 두 실수 μ와 $\sigma(\sigma>0)$에 대하여 확률밀도함수가

$$f(x) = \frac{1}{\sigma\sqrt{2\pi}} exp\left(-\frac{(x-\mu)^2}{2\sigma^2}\right), \quad -\infty < x < \infty \tag{4.1}$$

으로 주어지는 확률변수 X의 분포를 'μ와 σ^2를 모수로 갖는 **정규분포**(normal distribution)'라 하고, 기호로는 $X \sim N(\mu,\ \sigma^2)$으로 나타낸다. 특히, $\mu=0$이고 $\sigma=1$인 경우를 **표준정규분포**(standard normal distribution) 라고 한다.

정규 확률밀도함수 $f(x)$는 직선 $x=\mu$에 대하여 대칭이다. 또한

$$f'(x) = -\frac{x-\mu}{\sigma^2} f(x)$$

이고

$$f''(x) = \frac{1}{\sigma^4}(x-\mu-\sigma)(x-\mu+\sigma)f(x)$$

이므로 $x=\mu$에서 최댓값을, $x=\mu\pm\sigma$에서 변곡점을 갖는다. 이 곡선의 그래프의 개형은 다음과 같다.

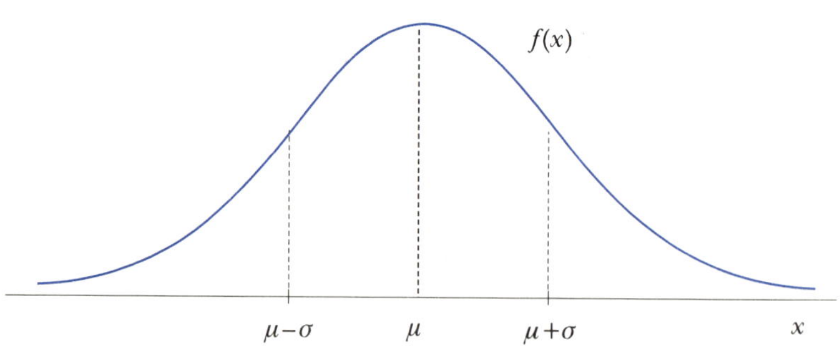

|그림 3.3|

[정규분포의 성질]

(1) $X \sim N(\mu,\ \sigma^2)$이고 $a \neq 0$이면 $aX+b \sim N(a\mu+b,\ a^2\sigma^2)$이다.

(2) $X \sim N(\mu,\ \sigma^2)$이면, $\dfrac{X-\mu}{\sigma} \sim N(0,\ 1)$이다.

정규분포 $X \sim N(\mu,\ \sigma^2)$에서 모수 μ와 σ^2은 실제로 X의 기댓값과 분산을 의미한다.

표준정규분포를 따르는 확률변수를 보통 Z로 나타내고, Z의 $p.d.f.$와 분포함수를 각각 ϕ, Φ로 나타내면

$$\phi(x) = \frac{1}{\sqrt{2\pi}} e^{-\frac{x^2}{2}}, \qquad -\infty < z < \infty$$

$$\Phi(x) = \int_{-\infty}^{x} \phi(z)\, dz$$

이고, $\phi(x)$가 y축에 대칭이라는 사실에 의하여

$$\Phi(-x) = 1 - \Phi(x)$$

임을 알 수 있다.

예 3.4.1

(1) $X \sim N(1,\ 4)$일 때 $P(-1 \leq X \leq 3)$을 구하라.

(2) 우리대학의 학생들의 키가 평균 170 cm, 표준편차가 5 cm인 정규분포를 근사적으로 따른다고 한다. 임의로 한 학생을 추출하였을 때, 그 학생의 키가 165 cm와 173 cm이하일 확률을 구하라.

풀이 (1) $P(-1 \leq X \leq 3) = P\left(\dfrac{-1-1}{2} \leq \dfrac{X-1}{2} \leq \dfrac{3-1}{2}\right)$

$= P(-1 \leq Z \leq 1) = P(Z \leq 1) - P(Z \leq -1)$

$= 0.8413 - (1 - 0.8413) = 0.6826$

(2) 임의로 추출된 한 학생의 키를 X라 하면 $X \sim N(170,\ 5^2)$이므로

$$P(165 \le X \le 173) = P\left(\frac{165-170}{5} \le \frac{X-170}{5} \le \frac{173-170}{5}\right)$$
$$= P(-1 \le Z \le 0.6) = 0.7257 - 0.1587$$
$$= 0.5670$$

■

예 3.4.2

어느 공장에서 생산되는 전구의 수명이 평균이 200시간이고, 분산이 100인 정규분포를 따른다고 할 때, 다음을 구하라.

(1) 전구의 수명이 180시간 이상이고 210시간 이내일 확률
(2) 전구의 수명이 180시간 이상일 확률

풀이 전구의 수명을 X라 하면, $X \sim N(200,\ 10^2)$이다.

(1) $$P(180 \le X \le 210) = P\left(\frac{180-200}{10} \le \frac{X-200}{10} \le \frac{210-200}{10}\right)$$
$$= P(-2 \le Z \le 1) = P(Z \le 1) - P(Z \le -2)$$
$$= 0.8413 - (1 - 0.9772) = 0.8185$$

(2) $$P(X \ge 180) = P\left(\frac{X-200}{10} \ge \frac{180-200}{10}\right)$$
$$= P(Z \ge -2) = P(Z \le 2) = 0.9772.$$

$X \sim N(0, 1)$이고 $0 < \alpha < 1$일 때 $P(X \ge c) = \alpha$를 만족하는 상수 c를 z_α로 나타낸다. 즉, $P[X \ge z_\alpha] = \alpha$이다.

표준정규분포의 대칭성에 의하여 다음이 성립한다.

$$P[X \le -z_\alpha] = \alpha, \quad P[\,|X| \ge z_{\alpha/2}] = \alpha$$

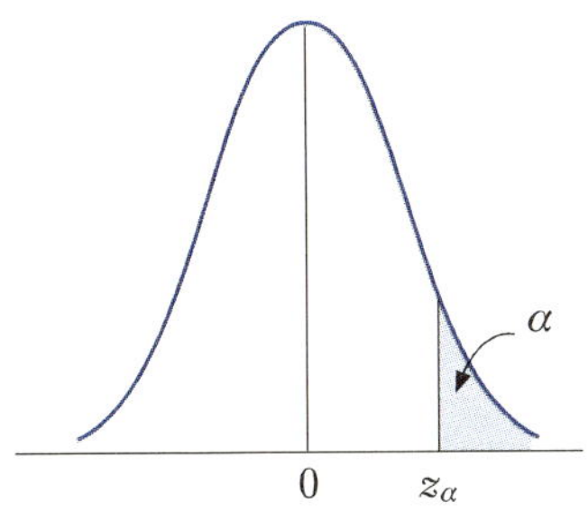

|그림 3.4|

자주 사용되는 z_α값은 부록 표 t−분포표에서 자유도가 ∞인 경우를 참조하면 된다. ■

예 3.4.3

시험성적이 $N(70,\ 8^2)$를 따른다고 가정하자. 상위 5%의 학생에게 A^+를 주려고 할 때, 몇 점 이상이 A^+를 받게 되는가?

풀이 시험성적을 X라 하고, x점 이상이 A^+를 받는다고 하면

$$
\begin{aligned}
P(X \geq x) &= P\left(\frac{X-70}{8} \geq \frac{x-70}{8}\right) \\
&= P\left(Z \geq \frac{x-70}{8}\right) = 0.05
\end{aligned}
$$

이므로 부록 표 t−분포표에서 $\frac{x-70}{8} = z_{0.05} = 1.645$이다.

따라서 $x = 70 + 1.645 \times 8 = 83.16$이다. ■

3.5 감마분포와 χ^2 분포

임의의 실수 $\alpha > 0$에 대하여

$$\Gamma(\alpha) = \int_0^\infty x^{\alpha-1} e^{-x}\, dx \tag{5.1}$$

으로 정의된 함수 Γ를 **감마함수**(gamma function)라고 한다.

감마함수에 대하여 다음이 성립한다.

(1) $\Gamma(\alpha) = (\alpha - 1)\,\Gamma(\alpha - 1), \quad \alpha > 1$

(2) $\Gamma(n) = (n-1)!, \quad n = 1,\ 2,\ \cdots$

(3) $\Gamma\left(\frac{1}{2}\right) = \sqrt{\pi}$

임의의 두 실수 $\alpha > 0$와 $\lambda > 0$에 대하여 확률밀도 함수가

$$f(x) = \begin{cases} \dfrac{\lambda^\alpha}{\Gamma(\alpha)} x^{\alpha-1} e^{-\lambda x}, & x > 0 \\ 0, & x \le 0 \end{cases}$$

으로 주어지는 확률변수 X의 분포를 α와 λ를 모수로 갖는 **감마분포**(gamma distribution)라 부르고, 기호로는 $X \sim \mathrm{GAM}(\alpha,\ \lambda)$로 나타낸다.

특히 $\alpha = 1$인 경우는 모수 λ를 갖는 지수분포 $\mathrm{EXP}(\lambda)$가 된다.

감마분포에 대한 평균과 분산을 구하면 다음과 같다.

[감마분포에 대한 평균과 분산]

$X \sim \mathrm{GAM}(\alpha,\ \lambda)$이면 $E(X) = \dfrac{\alpha}{\lambda}$, $Var(X) = \dfrac{\alpha}{\lambda^2}$이다.

χ^2분포(카이제곱 분포)는 감마분포의 특수한 분포로서 감마분포의 확률밀도함수에서 $\alpha = \frac{n}{2}$이고 $\lambda = \frac{1}{2}$일 때, 다음과 같은 확률밀도함수를 가지는 연속 확률변수를 자유도 n인 χ^2분포(**카이제곱 분포**)라고 하고 $X \sim \chi^2(n)$으로 나타낸다.

$$f(x) = \frac{1}{2^{\frac{n}{2}} \Gamma(\frac{n}{2})} x^{\frac{n}{2}-1} e^{-\frac{x}{2}}, \qquad x > 0$$

연습문제 》

1. 확률변수 X의 $p.d.f.$가 다음과 같다고 하자.

$$f(x) = \begin{cases} a(1-x^2), & -1 < x < 1 \\ 0, & \text{그 밖에서} \end{cases}$$

(1) 상수 a의 값을 구하라.
(2) X의 분포함수 F를 구하고, 그래프를 그려라.

2. X가 $(-\alpha, \alpha)$ 위에서 균일분포를 따른다고 할 때 다음의 각 경우에 α의 값을 구하라.

(1) $P(X > 1) = \frac{1}{3}$

(2) $P(X < -\frac{1}{2}) = 0.3$

(3) $P(|X| < 1) = P(|X| > 1)$

3. $X \sim N(10, 36)$일 때 다음을 구하라.

(1) $P(X > 5)$ (2) $P(4 < X < 8)$ (3) $P(X > 16)$

4. χ^2-분포표에서 다음 값을 구하라.

(1) $\chi^2_{0.05}(15)$ (2) $\chi^2_{0.025}(15)$ (3) $\chi^2_{0.01}(20)$ (4) $\chi^2_{0.005}(25)$

5. $X \sim t(15)$일 때 t-분포표를 사용하여 다음 각각을 만족하는 t_α값을 구하라.

(1) $P(X \geq t_\alpha) = 0.05$ (2) $P(X \geq t_\alpha) = 0.01$

(3) $P(|X| \geq t_\alpha) = 0.05$ (4) $P(-t_\alpha \leq t \leq t_\alpha) = 0.99$

6. $X \sim F(10,\ 15)$일 때 $F-$분포표를 사용하여 다음 값을 구하라.

(1) $P(X \ge F_\alpha) = 0.1$　　(2) $P(X \ge F_\alpha) = 0.05$　　(3) $P(X \ge F_\alpha) = 0.01$

7. X의 확률밀도함수가 $f(x)$일 때 $Y = aX + b\ (a \ne 0)$의 확률밀도함수를 구하라.

8. X가 다음의 확률분포를 따를 때 $Y = e^X$의 확률밀도함수를 구하라.

(1) $X \sim N(\mu,\ \sigma^2)$　　(2) $X \sim U(0,\ 1)$

9. 전지가 그림과 같이 y축 위의 1m 떨어진 점에서 x축을 비춘다. 이 전지가 $-\dfrac{\pi}{2}$에서 $\dfrac{\pi}{2}$까지 자유로이 회전한다고 할 때 광선이 x축과 만나는 점의 좌표 X의 확률밀도함수를 구하라.

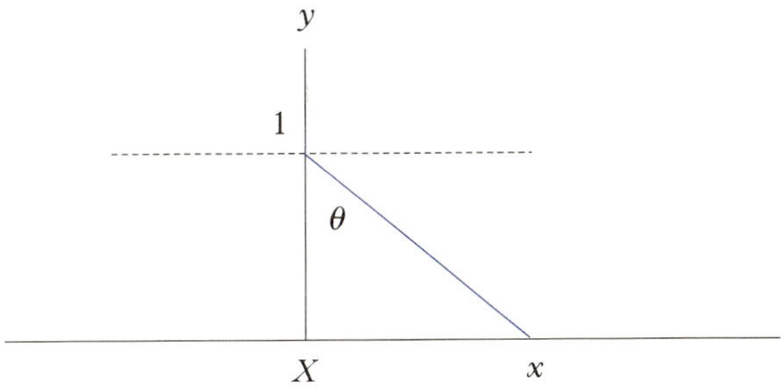

|그림 3.5|

10. X의 확률밀도함수가 다음과 같다고 하자.

$$f(x) = \begin{cases} ax, & 0 < x \le 1 \\ a, & 1 < x \le 2 \\ -ax + 3a, & 2 < x \le 3 \\ 0, & \text{그 밖에서} \end{cases}$$

(1) 상수 a의 값을 구하라.

(2) 분포함수 $F(x)$를 구하고 그래프를 그려라.

(3) $P(X>1)$와 $P(X<2)$를 구하라.

11. $X \sim N(20,\ 9)$일 때 $P(X>c)=0.1$을 만족하는 c의 값을 구하라.

12. 은행에서 한 고객이 업무를 보는 시간(단위 : 분)은 $\lambda=5$인 지수분포를 따른다고 가정하자. 만일 당신이 은행에 들어갔을 때 어떤 고객이 업무를 보고 있었다면, 그 고객이 5분 후에도 여전히 업무를 보고 있을 확률을 구하라.

chapter 4 결합 확률분포

4.1 결합 확률분포

지금까지는 주로 하나의 확률변수의 분포에 관하여 다루었다. 그러나 실제 문제에 적용하는 경우, 하나의 확률실험에서 여러 요인에 의한 결과에 관심을 갖게 되면 두 개 이상의 확률변수를 동시에 다루게 된다. 예를 들어 두 개의 주사위를 던지는 시행에서 두 주사위 눈의 합과 차이, 우리 대학교 신입생의 국어, 영어와 수학 점수의 분포, 어떤 특정 시간에 A도시의 각 은행에 도착하여 서비스를 받고 있는 고객의 수 등이 대표적인 예에 속한다. 여기서는, 두 개의 확률변수를 동시에 다루는 경우의 확률분포를 중점적으로 다룬다.

동일한 표본 공간 Ω 위에서 정의된 두 확률변수 X, Y가 주어진 경우에 이를 동시에 다루기 위하여, 표본공간 Ω의 각 원소 ω에 대하여 $(X(\omega),\ Y(\omega))\in R^2$을 대응시키는 함수$(X,\ Y)$를 고려해야 하고, 이 함수를 **이차원 확률변수**(two-dimensional random variable) 또는 **이차원 확률벡터**(two-dimensional random vector)라고 부른다. 이차원 확률변수 $(X,\ Y)$가 갖는 분포를 X와 Y의 **결합 확률분포**(joint probability distribution), 또는 간단히 결합분포라 한다. 두 확률변수 X, Y가 주어질 때, 우리가 관심을 갖는 것은 X와 Y의 결합 확률분포이다. 하나의 확률변수를 다루는 경우와 마찬가지로 이산인 경우와 연속인 경우로 나누어서 살펴보기로 한다.

이차원 확률벡터 $(X,\ Y)$가 취하는 값이 유한이거나 셀 수 있는 값이면, $(X,\ Y)$를 이산 확률벡터라고 부른다. (X, Y)가 이산 확률벡터라 함은 두 확률변수 X와 Y가 모두 이산 확률변수라는 말과 동치이며, 이때 R^2위에서 정의된 함수

$$p(x, y) = P(X = x,\ Y = y)$$

를 X와 Y의 **결합 확률 질량함수**(joint probability mass function) 또는 간단히 **결합 확률함수**라고 한다. X가 취하는 값들의 집합을 $\{x_1, x_2, \cdots\}$, Y가 취하는 값들의 집합을 $\{y_1, y_2, \cdots\}$로 나타내면 다음이 성립한다.

(1) $p(x_i, y_j) \ge 0,\ i,\ j = 1, 2, \cdots$

(2) $\sum_{i=1}^{\infty}\sum_{j=1}^{\infty} p(x_i, y_j) = 1$

(3) 임의의 $B \subset R^2$에 대하여, $P((X, Y) \in B) = \sum_{(x_i, y_j) \in B} p(x_i, y_j)$

이때, X와 Y의 확률함수는 각각 다음과 같이 구해진다.

$$p_X(x_i) = P(X = x_i) = \sum_{j=1}^{\infty} p(x_i, y_j)$$

$$p_Y(y_j) = P(Y = y_j) = \sum_{i=1}^{\infty} p(x_i, y_j)$$

이와 같이 구한 하나의 확률변수 만에 대한 확률함수는 **주변**(marginal) **확률함수**라고 한다.

예 4.1.1

흰 공 3개, 검은 공 4개와 빨간 공 5개가 들어 있는 주머니에서 3개의 공을 임의로 추출할 때 나오는 흰 공의 수를 X, 검은 공의 수를 Y라고 하면 결합 확률함수는

$$P(X = i,\ Y = j) = \frac{\binom{3}{i}\binom{4}{j}\binom{5}{3-i-j}}{\binom{12}{3}}$$

여기서 i와 j는 $i+j \leq 3$를 만족하는 음이 아닌 정수이다. 이것을 일일이 계산하여 다음과 같이 표로 나타낸 것을 결합 확률분포표라고 한다.

i \ j	0	1	2	3	합계 $p_X(i)$
0	$\frac{10}{220}$	$\frac{40}{220}$	$\frac{30}{220}$	$\frac{4}{220}$	$\frac{84}{220}$
1	$\frac{30}{220}$	$\frac{60}{220}$	$\frac{18}{220}$	0	$\frac{108}{220}$
2	$\frac{15}{220}$	$\frac{12}{220}$	0	0	$\frac{27}{220}$
3	$\frac{1}{220}$	0	0	0	$\frac{1}{220}$
합계 $p_Y(j)$	$\frac{56}{220}$	$\frac{112}{220}$	$\frac{48}{220}$	$\frac{4}{220}$	1

예 4.1.2 다항분포(Multinomial distribution)

출현 가능한 결과가 E_1, E_2, E_3 뿐이고 $p_i = P(E_i)$, $i = 1, 2, 3$인 시행을 n회 독립적으로 시행할 때 E_1이 일어나는 횟수를 X, E_2가 일어나는 횟수를 Y라 하면 X와 Y의 결합 확률함수는

$$P(X=i,\ Y=j) = \binom{n}{i,\ j} p_1^i\, p_2^j\, (1-p_1-p_2)^{n-i-j}$$

이다. 여기서 i와 j는 $i+j \leq n$을 만족하는 음이 아닌 정수이고,

$$\binom{n}{i,j} = \frac{n!}{i!\,j!\,(n-i-j)!}$$

이다. 이때, (X, Y)는 n과 $p = (p_1, p_2)$를 모수로 갖는 삼항분포를 따른다고 하고, 기호로는 $(X, Y) \sim MULT(n, p_1, p_2)$로 나타낸다.

이제, X의 주변 확률함수를 구하면

$$
\begin{aligned}
P(X=i) &= \sum_{j=0}^{n-i} \frac{n!}{i!\,j!\,(n-i-j)!}\, p_1^i\, p_2^j\, p_3^{n-i-j} \\
&= \frac{n!}{i!\,(n-i)!}\, p_1^i \sum_{j=0}^{n-i} \frac{(n-i)!}{j!\,(n-i-j)!}\, p_2^j\, p_3^{n-i-j} \\
&= \binom{n}{i} p_1^i\,(p_2+p_3)^{n-i} \\
&= \binom{n}{i} p_1^i\,(1-p_1)^{n-i}
\end{aligned}
$$

이므로 $X \sim B(n,\, p_1)$이다.

마찬가지로, $Y \sim B(n,\, p_2)$가 된다.

4.2 결합 연속분포

임의의 $B \subset R^2$에 대하여

$$P((X,\ Y) \in B) = \int\int_B f(x,\ y)\, dxdy \tag{2.1}$$

를 만족하는 음이 아닌 이변수 함수 $f(x,\ y)$가 존재할 때, $(X,\ Y)$를 연속 확률벡터라 하고 $f(x,\ y)$를 X와 Y의 결합 확률밀도함수(joint p.d.f.)라고 부른다. 따라서 결합 확률밀도함수의 요구조건은

$$f(x,\ y) \ge 0,\quad -\infty < x < \infty,\quad -\infty < y < \infty \tag{2.2}$$

$$\int_{-\infty}^{\infty}\int_{-\infty}^{\infty} f(x,\ y)\,dxdy = 1 \tag{2.3}$$

이다. 또한 A와 B가 실수의 부분 집합이면 (2.1)에 의하여

$$P(X \in A,\ \ Y \in B) = \int_B\int_A f(x,\ y)\,dxdy = \int_A\int_B f(x,\ y)\,dydx$$

이 성립한다. 한편, 임의의 $A \subset R$에 대하여

$$
\begin{aligned}
P(X \in A) &= P(X \in A,\ -\infty < Y < \infty) \\
&= \int_A \int_{-\infty}^{\infty} f(x,\ y)dydx
\end{aligned}
$$

이므로 $f_X(x) = \int_{-\infty}^{\infty} f(x,\ y)dy$가 X의 확률밀도함수가 된다.

마찬가지로, $f_Y(y) = \int_{-\infty}^{\infty} f(x,\ y)dx$가 Y의 확률밀도함수이다. 이때, $f_X(x)$와 $f_Y(y)$를 각각 X와 Y의 **주변 확률밀도함수**(marginal p.d.f.)라고 한다.

예 4.2.1

X와 Y의 결합 $p.d.f.$가

$$
f(x,\ y) = \begin{cases} ke^{-x}e^{-2y}, & 0 < x < \infty,\quad 0 < y < \infty \\ 0, & \text{그 이외} \end{cases}
$$

로 주어질 때

(1) 상수 k의 값을 구하라.

(2) $P(X < Y)$를 구하라.

풀이 (1) 결합 $p.d.f.$의 요구조건 (2.3)에 의하여

$$
1 = k\int_0^{\infty}\int_0^{\infty} e^{-x}e^{-2y}dxdy = \frac{1}{2}k
$$

이므로 $k = 2$이다.

(2)
$$
\begin{aligned}
P(X < Y) &= \iint_{0 < x < y < \infty} 2e^{-x}e^{-2y}\,dxdy \\
&= \int_0^{\infty}\int_x^{\infty} 2e^{-x}e^{-2y}\,dydx \\
&= \int_0^{\infty} e^{-3x}dx = \frac{1}{3}
\end{aligned}
$$

■

예 4.2.2

확률벡터 (X, Y)가 영역 $R=\{(x, y) \mid x^2 \le y \le x,\ 0 \le x \le 1\}$ 위에서 균등분포를 따를 때 X와 Y의 주변 $p.d.f.$를 구하라.

풀이 영역 R의 면적을 구하면

$$\int_0^1 (x-x^2)dx = \frac{1}{6}$$

이므로 X와 Y의 결합 $p.d.f.$는

$$f(x, y) = \begin{cases} 6, & (x, y) \in R \\ 0, & (x, y) \notin R \end{cases}$$

이다. 따라서 X의 주변 $p.d.f.$는

$$\begin{aligned} f_X(x) &= \int_{-\infty}^{\infty} f(x, y)dy \\ &= \int_{x^2}^{x} 6\,dy \\ &= 6(x-x^2), \quad 0 \le x \le 1 \end{aligned}$$

이고, Y의 주변 $p.d.f.$는

$$\begin{aligned} f_Y(y) &= \int_{-\infty}^{\infty} f(x, y)\,dx = \int_{y}^{\sqrt{y}} 6\,dx \\ &= 6(\sqrt{y}-y), \quad 0 \le y \le 1 \end{aligned}$$

이다. ■

예 4.2.3 이변량 정규분포

X와 Y의 결합 $p.d.f.$가

$$f(x, y) = \frac{1}{2\pi\sigma_1\sigma_2\sqrt{1-\rho^2}} \exp\left\{-\frac{1}{2(1-\rho^2)} Q(x, y)\right\}$$

여기서, $\sigma_1 > 0$, $\sigma_2 > 0$, $-1 < \rho < 1$, $-\infty < x < \infty$, $-\infty < y < \infty$이고

$$Q(x, y) = \left(\frac{x-\mu_1}{\sigma_1}\right)^2 - 2\rho\left(\frac{x-\mu_1}{\sigma_1}\right)\left(\frac{y-\mu_2}{\sigma_2}\right) + \left(\frac{y-\mu_2}{\sigma_2}\right)^2$$

일 때 X와 Y는 **이변량 정규분포**(bivariate normal distribution)를 따른다고 하고, $(X, Y) \sim BN(\mu_1, \mu_2, \sigma_1^2, \sigma_2^2, \rho)$으로 나타낸다. 이때, X의 주변 $p.d.f.$를 구하기 위하여 $Q(x, y)$를 y에 관한 완전제곱식으로 변형하면

$$\begin{aligned} Q(x, y) &= \left(\frac{y-\mu_2}{\sigma_2} - \rho\frac{x-\mu_1}{\sigma_1}\right)^2 + (1-\rho^2)\left(\frac{x-\mu_1}{\sigma_1}\right)^2 \\ &= \left(\frac{y-a}{\sigma_2}\right)^2 + (1-\rho^2)\left(\frac{x-\mu_1}{\sigma_1}\right)^2 \quad \text{단, } a = \mu_2 + \rho\frac{\sigma_2}{\sigma_1}(x-\mu_1) \end{aligned}$$

이므로

$$\begin{aligned} f_X(x) = \int_{-\infty}^{\infty} f(x, y)dy &= \frac{1}{\sigma_1\sqrt{2\pi}} \exp\left[-\frac{(x-\mu_1)^2}{2\sigma_1^2}\right] \\ &\times \int_{-\infty}^{\infty} \frac{1}{\sigma_2\sqrt{1-\rho^2}\sqrt{2\pi}} \exp\left[-\frac{(y-a)^2}{2\sigma_2^2(1-\rho^2)}\right] dy \end{aligned}$$

여기서, 피적분함수는 $N(a, \sigma_2^2(1-\rho^2))$의 $p.d.f.$이므로 적분값은 1이다. 따라서

$$f_X(x) = \frac{1}{\sigma_1\sqrt{2\pi}} \exp\left\{-\frac{(x-\mu_1)^2}{2\sigma_1^2}\right\}$$

이다. 즉, $X \sim N(\mu_1, \sigma_1^2)$이다.

마찬가지로 $Y \sim N(\mu_2, \sigma_2^2)$임을 알 수 있다.

4.3 확률변수의 독립성

두 확률변수 X, Y가 주어진 경우에 임의의 R의 부분집합 A, B에 대하여 사건 $X \in A$와 $Y \in B$가 서로 독립일 때, 즉

$$P(X \in A,\ Y \in B) = P(X \in A)P(Y \in B) \tag{3.1}$$

가 성립할 때, X와 Y는 **서로 독립**(mutually independent)이라고 한다.

식 (3.1)에 의하여 X와 Y가 서로 독립이면 임의의 실수 x, y에 대하여

$$P(X \leq x,\ Y \leq y) = P(X \leq x)P(Y \leq y) \tag{3.2}$$

가 성립한다. 역으로 (3.2)가 성립하면 X와 Y가 서로 독립이라는 사실이 잘 알려져 있다.

[두 확률변수의 독립성]

(1) (X, Y)가 이산 확률벡터일 때, X와 Y가 서로 독립이기 위한 필요충분조건은 임의의 실수 x, y에 대하여

$$p(x, y) = p_X(x)\,p_Y(y) \tag{3.3}$$

이다.

(2) (X, Y)가 결합 연속 확률벡터일 때, X와 Y가 서로 독립이기 위한 필요충분조건은 임의의 실수 x, y에 대하여

$$f(x, y) = f_X(x)\,f_Y(y) \tag{3.4}$$

이다.

예 4.3.1

공정한 주사위를 두 번 던지는 시행에서

$$X = \begin{cases} 1, & \text{첫번째 주사위의 눈이 짝수인 경우} \\ 0, & \text{첫번째 주사위의 눈이 홀수인 경우} \end{cases}$$

$$Y = \begin{cases} 1, & \text{두번째 주사위의 눈이 1인 경우} \\ 2, & \text{두번째 주사위의 눈이 2,3인 경우} \\ 3, & \text{두번째 주사위의 눈이 4,5,6인 경우} \end{cases}$$

라 하면, X와 Y의 결합 확률분포는 다음과 같고, X와 Y는 서로 독립이다.

x \ y	1	2	3	계
0	1/12	1/6	1/4	1/2
1	1/12	1/6	1/4	1/2
계	1/6	1/3	1/2	1

예 4.3.2

어느 날 은행에 오는 고객의 수는 λ를 모수로 갖는 포아송 분포를 따른다고 한다. 은행에 오는 고객이 남자일 확률은 p이고 여자일 확률이 $q=1-p$일 때, 은행에 오는 남자 고객의 수 X와 여자 고객의 수 Y는 서로 독립이고 λp, λq를 각각 모수로 갖는 포아송 확률변수임을 보여라.

풀이 임의의 음이 아닌 정수 i, j에 대하여

$$P(X=i,\ Y=j) = P(X+Y=i+j)\,P(X=i,\ Y=j \mid X+Y=i+j)$$

가 성립한다. 가정에 의하여 $X+Y$는 모수 λ인 포아송 분포를 따르므로

$$P(X+Y=i+j) = e^{-\lambda}\frac{\lambda^{i+j}}{(i+j)!}$$

이다. 한편,

$$P(X=i,\ Y=j \mid X+Y=i+j) = \binom{i+j}{i} p^i q^j$$

이므로

$$P(X=i,\ Y=j) = e^{-\lambda}\frac{\lambda^{i+j}}{(i+j)!}\binom{i+j}{i}p^i q^j$$
$$= e^{-\lambda}\frac{1}{i!\,j!}(\lambda p)^i(\lambda q)^j$$
$$= e^{-\lambda p}\frac{(\lambda p)^i}{i!}e^{-\lambda q}\frac{(\lambda q)^j}{j!}$$

이 성립한다. 따라서

$$P(X=i) = \sum_{j=0}^{\infty} P(X=i,\ Y=j)$$
$$= e^{-\lambda p}\frac{(\lambda p)^i}{i!}$$

이고, 마찬가지로

$$P(Y=j) = e^{-\lambda q}\frac{(\lambda q)^j}{j!}$$

이다. 이것은 X와 Y가 서로 독립이고 $X \sim \mathrm{POI}(\lambda p)$, $Y \sim \mathrm{POI}(\lambda q)$임을 의미한다. ■

예 4.3.3

X와 Y의 결합 $p.d.f.$가

$$f(x,y) = \begin{cases} e^{-(x+y)}, & x>0,\ y>0 \\ 0, & \text{그 이외} \end{cases}$$

일 때, X와 Y의 주변 $p.d.f.$를 각각 구하면

$$f_X(x) = \begin{cases} e^{-x}, & x>0 \\ 0, & \text{그 이외} \end{cases}$$
$$f_Y(y) = \begin{cases} e^{-y}, & y>0 \\ 0, & \text{그 이외} \end{cases}$$

이다. 따라서 X와 Y는 서로 독립이다.

예 4.3.4

X와 Y의 결합 $p.d.f.$가

$$f(x, y) = \begin{cases} 8xy, & 0 < x < y < 1 \\ 0, & \text{그 이외} \end{cases}$$

일 때 X와 Y의 주변 $p.d.f.$를 각각 구하면

$$f_X(x) = \begin{cases} 4x(1-x^2), & 0 < x < 1 \\ 0, & \text{그 이외} \end{cases}$$

$$f_Y(y) = \begin{cases} 4y^3, & 0 < y < 1 \\ 0, & \text{그 이외} \end{cases}$$

이므로 X와 Y는 서로 독립이 아니다.

확률벡터(X, Y)와 함수 $g: R^2 \to R$의 합성에 의하여 얻어진 확률변수 $g(X, Y)$의 기댓값에 대하여 다음이 성립한다.

(1) 이산 확률변수 $X \in x_1, x_2, \cdots$, $Y \in y_1, y_2, \cdots$에 대하여

$$E[g(X, Y)] = \sum_{i=1}^{\infty} \sum_{j=1}^{\infty} g(x_i, y_j)\, p(x_i, y_j)$$

이 성립한다.

(2) (X, Y)가 결합 $p.d.f.$ $f(x, y)$를 가지는 결합연속 확률벡터이면

$$E[g(X, Y)] = \int_{-\infty}^{\infty} \int_{-\infty}^{\infty} g(x, y) f(x, y)\, dx\, dy$$

이 성립한다.

예 4.3.5

X, Y의 결합 확률분포가 다음과 같다고 하자.

x_i \ y_j	0	1	2
1	$\frac{1}{3}$	$\frac{1}{6}$	$\frac{1}{6}$
2	0	$\frac{1}{6}$	$\frac{1}{6}$

이때, $E(X+Y)$와 $E(XY)$는 다음과 같이 계산된다.

$$
\begin{aligned}
E(X+Y) &= \sum_i \sum_j (x_i + y_j)\, p(x_i, y_j) \\
&= (1+0)\times\frac{1}{3} + (1+1)\times\frac{1}{6} + (1+2)\times\frac{1}{6} + \\
&\quad (2+0)\times 0 + (2+1)\times\frac{1}{6} + (2+2)\times\frac{1}{6} \\
&= \frac{7}{3}
\end{aligned}
$$

$$
\begin{aligned}
E(XY) &= \sum_i \sum_j x_i y_j\, p(x_i, y_j) \\
&= 1\times 0\times\frac{1}{3} + 1\times 1\times\frac{1}{6} + 1\times 2\times\frac{1}{6} + 2\times 0\times 0 + 2\times 1\times\frac{1}{6} + 2\times 2\times\frac{1}{6} \\
&= \frac{3}{2}
\end{aligned}
$$

■

[기댓값의 성질]

(1) a와 b가 상수이면

$$E(aX+bY) = aE(X) + bE(Y)$$

이 성립한다.

(2) X와 Y가 서로 독립이면 $E(XY) = E(X)E(Y)$이다.

예 4.3.6

X, Y의 결합 확률분포가 예 4.3.5와 같이 주어진 경우에 $E(X)=\frac{4}{3}$, $E(Y)=1$이다. 따라서 $E(X+Y)=\frac{7}{3}$이 된다. 그러나

$$E(XY)=\frac{3}{2}\neq E(X)E(Y)$$

이다.

4.4 공분산과 상관계수

공분산은 두 확률변수 간의 연관성을 나타내는 척도로 사용된다. 두 확률변수 X, Y에 대하여 $E(X)=\mu_X$이고 $E(Y)=\mu_Y$일 때

$$\sigma_{XY}=Cov(X,\ Y)=E[(X-\mu_X)(Y-\mu_Y)]$$

을 X와 Y의 **공분산**(Covariance)이라고 한다.

[공분산의 성질]

(1) $Cov(X,\ Y)=E(XY)-E(X)E(Y)$
(2) $Var(X\pm Y)=Var(X)+Var(Y)\pm 2Cov(X,\ Y)$, 단, 복호동순
(3) X와 Y가 서로 독립이면 $Cov(X,\ Y)=0$이고,

$$Var(X\pm Y)=Var(X)+Var(Y)$$

예 4.4.1

성공률이 p인 베르누이 시행을 n회 독립적으로 반복할 때 나타나는 +성공 횟수를 X라 하면 $X\sim B(n,p)$이다. 이때

$$X_i = \begin{cases} 1, & i\text{번째 시행이 성공인 경우} \\ 0, & i\text{번째 시행이 실패인 경우} \end{cases}$$

로 정의하면 $X_1, \cdots, X_n$은 서로 독립이고

$$E(X_i) = p,\ Var(X_i) = p(1-p),\ \ i = 1,\ 2,\ \cdots,\ n$$

이다. $X = X_1 + \cdots + X_n$이므로

$$E(X) = E(X_1) + \cdots + E(X_n) = np$$
$$Var(X) = Var(X_1) + \cdots + Var(X_n) = np(1-p)$$

이다.

예 4.4.2

성공률이 p인 베르누이 시행을 독립적으로 반복할 때 r회 성공할 때까지의 시행횟수를 X라 하면 $X \sim NB(r, p)$이다. 이때

$X_1 =$ 처음 성공할 때까지의 시행횟수
$X_i = (i-1)$번째 성공한 이후부터 i번째 성공할 때까지의 시행횟수, $i = 2, \cdots, r$

로 정의하면 $X_1, \cdots, X_r$은 서로 독립이고 p를 모수로 갖는 기하 확률변수이므로

$$E(X_i) = \frac{1}{p},\ \ Var(X_i) = \frac{1-p}{p^2}$$

이다. $X = X_1 + \cdots + X_r$이므로

$$E(X) = E(X_1) + \cdots + E(X_r) = \frac{r}{p}$$
$$Var(X) = Var(X_1) + \cdots + Var(X_r) = \frac{r(1-p)}{p^2}$$

예 4.4.3

N개의 제품 중에 M개의 불량품이 들어 있다고 하자. 이 중에서 n개의 제품은 비복원 추출할 때 나오는 불량품의 개수를 X라고 하면 $X \sim \mathrm{HYP}(N, M, n)$이다. 이 때

$$X_i = \begin{cases} 1, & i\text{번째 추출에서 불량품이 나오는 경우} \\ 0, & i\text{번째 추출에서 우량품이 나오는 경우} \end{cases}$$

로 정의하면

$$X = X_1 + \cdots + X_n$$

이다. 여기에서 $X_i \sim B(1, \dfrac{M}{N})$이므로

$$E(X_i) = \frac{M}{N}, \quad Var(X_i) = \frac{M}{N}(1 - \frac{M}{N})$$

이다. 한편, X_i와 $X_j\ (i < j)$의 결합 확률분포표는 다음과 같다.

x_i \ x_j	0	1
0	$\dfrac{N-M}{N}\dfrac{N-M-1}{N-1}$	$\dfrac{N-M}{N}\dfrac{M}{N-1}$
1	$\dfrac{M}{N}\dfrac{N-M}{N-1}$	$\dfrac{M}{N}\dfrac{M-1}{N-1}$

이것으로부터 $E(X_i X_j)$를 구하면

$$E(X_i X_j) = \frac{M}{N}\frac{M-1}{N-1}$$

이므로

$$Cov(X_i X_j) = -\frac{M}{N}\left(1 - \frac{M}{N}\right)\frac{1}{N-1}$$

이다. 따라서

$$E(X) = E(X_1) + \cdots + E(X_n) = n \cdot \frac{M}{N}$$

이고

$$Var(X) = \sum_{i=1}^{n} Var(X_i) + 2\sum\sum_{i<j} Cov(X_i, X_j)$$
$$= n\frac{M}{N}\left(1-\frac{M}{N}\right) + n(n-1)\left(-\frac{M}{N}\right)\left(1-\frac{M}{N}\right)\frac{1}{N-1}$$
$$= n\frac{M}{N}\left(1-\frac{M}{N}\right)\left(\frac{N-n}{N-1}\right)$$

이다.

공분산은 두 확률변수의 연관성을 나타내는 측도로서 의미가 있기는 하지만, 확률실험에서 사용하는 단위에 크게 영향을 받는다는 단점이 있다. 예를 들어서, A 대학교 학생의 신장과 몸무게를 측정하는 실험에서 측정단위를 미터와 킬로그램으로 하여 얻은 임의로 추출된 학생의 신장과 몸무게를 (X_1, Y_1)라 하고, 측정 단위를 센티미터와 그램으로 바꾸어 나타낸 것을 (X_2, Y_2)라 하면

$$X_2 = 100X_1,\ \ Y_2 = 1000Y_1$$

이므로

$$Cov(X_2, Y_2) = 10000\,Cov(X_1, Y_1)$$

이 된다. 따라서 측정단위에 영향을 받지 않는 측도가 필요한데 이것이 상관계수이다.

두 확률변수 X, Y에 대하여 $\sigma_X = \sqrt{Var(X)} > 0$, $\sigma_Y = \sqrt{Var(Y)} > 0$일 때

$$\rho_{XY} = Corr(X, Y) = \frac{Cov(X, Y)}{\sigma_X \sigma_Y}$$

을 X와 Y의 **상관계수**(Correlation Coefficient)라고 한다.

상관계수에 관한 성질은 다음과 같다.

[상관계수의 성질]

(1) $-1 \le Corr(X, Y) \le 1$

(2) $Corr(X, Y) = 1 \Leftrightarrow P(Y = aX + b) = 1, \quad a > 0$

$Corr(X, Y) = -1 \Leftrightarrow P(Y = aX + b) = 1, \quad a < 0$

예 4.4.4

X와 Y의 결합 확률분포가 다음과 같을 때 상관계수를 구하여라.

x_i \ y_j	0	1	2
1	$\frac{1}{3}$	$\frac{1}{6}$	$\frac{1}{6}$
2	0	$\frac{1}{6}$	$\frac{1}{6}$

풀이

$$\mu = E(X) = \sum_i \sum_j x_i p(x_i, y_j)$$

$$= 1 \cdot \frac{1}{3} + 1 \cdot \frac{1}{6} + 1 \cdot \frac{1}{6} + 2 \cdot 0 + 2 \cdot \frac{1}{6} + 2 \cdot \frac{1}{6} = \frac{4}{3}$$

$$E(X^2) = \sum_i \sum_j x^2 p(x_i, y_j)$$

$$= 1^2 \cdot \frac{1}{3} + 1^2 \cdot \frac{1}{6} + 1^2 \cdot \frac{1}{6} + 2^2 \cdot 0 + 2^2 \cdot \frac{1}{6} + 2^2 \cdot \frac{1}{6} = 2$$

$$\sigma_X^2 = Var(X) = 2 - \left(\frac{4}{3}\right)^2 = \frac{2}{9}$$

마찬가지 방법에 의하여

$$\mu_Y = E(Y) = 1, \quad \sigma_Y^2 = Var(Y) = \frac{2}{3}$$

이다. 또한, 예 4.3.5에 의하여

$$E(XY) = \sum_i \sum_j x_i y_j p(x_i, y_j) = \frac{3}{2}$$

이므로 $Cov(X, Y) = \frac{3}{2} - \frac{4}{3} = \frac{1}{6}$ 이다. 따라서

$$Corr(X, Y) = \frac{1/6}{\sqrt{2}/3 \cdot \sqrt{2}/\sqrt{3}} = \frac{\sqrt{3}}{4} \text{ 이다.}$$ ■

예 4.4.5

X와 Y의 결합 $p.d.f.$가

$$f(x, y) = x + y, \quad 0 < x < 1, \quad 0 < y < 1$$

일 때 X와 Y의 상관계수를 구하여라.

풀이

$$E(X) = \int_0^1 \int_0^1 x(x+y)\,dx\,dy = \frac{7}{12}$$
$$E(X^2) = \int_0^1 \int_0^1 x^2(x+y)\,dx\,dy = \frac{5}{12}$$

이므로

$$\sigma^2 = Var(X) = \frac{5}{12} - \left(\frac{7}{12}\right)^2 = \frac{11}{144}$$

마찬가지로

$$E(Y) = \frac{7}{12}, \quad \tau^2 = Var(Y) = \frac{11}{144}$$

또한

$$E(XY) = \int_0^1 \int_0^1 xy(x+y)\,dx\,dy = \frac{1}{3}$$
$$Cov(X, Y) = \frac{1}{3} - \left(\frac{7}{12}\right)^2 = -\frac{1}{144}$$

이므로

$$Corr(X, Y) = \frac{-1/144}{(\sqrt{11}/12)^2} = -\frac{1}{11}$$

이다. ■

예 4.4.6

X와 Y가 모수 $\rho\,(-1<\rho<1)$를 가지는 이변량 표준정규분포를 따른다고 할 때 즉 X와 Y의 결합 $p.d.f$ 가

$$f(x,\,y)=\frac{1}{2\pi\sqrt{1-\rho^2}}\exp\left(-\frac{1}{2}\,\frac{x^2-2\rho xy+y^2}{1-\rho^2}\right),\quad -\infty<x,\quad y<\infty$$

일 때 상관계수를 구하라.

풀이 예 4.2.3에 의하여 X와 Y는 각각 표준정규분포를 따르므로

$$E(X)=E(Y)=0,\quad Var(X)=Var(Y)=1$$

이다.

$$E(XY)=\int_{-\infty}^{\infty}\int_{-\infty}^{\infty}\frac{1}{2\pi\sqrt{1-\rho^2}}\,xy\,\exp\left(-\frac{1}{2}\,\frac{x^2-2\rho xy+y^2}{1-\rho^2}\right)dx\,dy$$

$$=\int_{-\infty}^{\infty}\left\{\int_{-\infty}^{\infty}\frac{1}{\sqrt{2\pi(1-\rho^2)}}\,x\,\exp\left[-\frac{1}{2}\,\frac{(x-\rho y)^2}{1-\rho^2}\right]dx\right\}\times\frac{1}{\sqrt{2\pi}}\,ye^{-\frac{1}{2}y^2}dy$$

여기서, 괄호안 내부의 적분은 정규분포 $N(\rho y,\,1-\rho^2)$의 기댓값이므로

$$E(XY)=\int_{-\infty}^{\infty}\rho y^2\,\frac{1}{\sqrt{2\pi}}\,e^{-\frac{1}{2}y^2}dy=\rho$$

이다. 따라서 $Corr(X,\,Y)=\rho$이다. ■

두 확률변수 X와 Y가 서로 독립이면 $Cov(X,\,Y)=0$이므로 $Corr(X,\,Y)=0$이다. 그러나 역은 성립하지 않는다.

예 4.4.7

X와 Y의 결합 확률분포가 다음과 같이 주어졌다고 하자.

x_i \ y_j	0	1	2	합계
0	0	$\frac{1}{3}$	0	$\frac{1}{3}$
1	$\frac{1}{3}$	0	$\frac{1}{3}$	$\frac{2}{3}$
합계	$\frac{1}{3}$	$\frac{1}{3}$	$\frac{1}{3}$	1

이 때, $E(X)=\frac{2}{3}$, $E(Y)=1$이고 $E(XY)=\frac{2}{3}$이므로

$$Cov(X,\ Y)=0=Corr(X,\ Y)$$

이다, 그러나 X와 Y는 서로 독립이 아니다.

연습문제

1. 공정한 동전을 3회 던지는 시행을 한다. 처음 2회의 시행에서 앞면이 나타나는 횟수를 X, 3회까지의 시행에서 앞면이 나타나는 횟수를 Y라 할 때

(1) X와 Y의 결합 확률함수와 주변 확률함수를 각각 구하라.
(2) X와 Y가 서로 독립인지 아닌지를 판별하라.
(3) $P(X>Y)$와 $P(X+Y<2)$를 구하라.

2. 공정한 주사위를 두 번 던지는 시행에서 처음 나오는 눈의 수를 X_1, 두 번째 나오는 눈의 수를 X_2라 하고

$$Y_1 = \max(X_1,\ X_2), \quad Y_2 = X_1 + X_2$$

라 할 때

(1) Y_1과 Y_2의 결합 확률함수를 구하라.
(2) X_1과 Y_1의 결합 확률함수를 구하라.

3. $(X,\ Y) \sim MULT(n,\ p_1,\ p_2)$일 때 $X \sim B(n,\ p_1)$이고 $Y \sim B(n,\ p_2)$임을 증명하라.

4. X와 Y의 결합 $p.d.f$가 다음과 같다고 하자.

$$f(x,\ y) = \begin{cases} x^2 + \dfrac{xy}{3}, & 0<x<1, \quad 0<y<2 \\ 0, & \text{그 이외} \end{cases}$$

(1) $P(X+Y \geq 1)$을 구하라.
(2) X와 Y의 주변 $f_X(x)$ $p.d.f$와 $f_Y(y)$를 구하라.
(3) $P\left(Y<\frac{1}{2} \mid X<\frac{1}{2}\right)$을 구하라.

5. X와 Y의 결합 $p.d.f$가

$$f(x, y) = \begin{cases} e^{-(x+y)}, & 0 < x < \infty,\ 0 < y < \infty \\ 0, & \text{그 이외} \end{cases}$$

일 때 $\dfrac{X}{Y}$의 $p.d.f$를 구하라.

6. X와 Y의 결합 $p.d.f$가 다음과 같다고 하자.

$$f(x, y) = \begin{cases} ce^{-y}, & 0 < x < y \\ 0, & \text{그 이외} \end{cases}$$

(1) 상수 c의 값을 구하라.
(2) X와 Y의 주변 $p.d.f$를 구하라.
(3) $P(X > 2 \mid Y < 4)$를 구하라.

7. 흰 공 4개, 검은 공 5개, 빨간 공 6개와 노란 공 5개가 들어 있는 주머니에서 5개의 공을 꺼낼 때 나오는 흰 공의 수를 X, 검은 공의 수를 Y, 빨간 공의 수를 Z라 하자.

(1) 비복원 추출일 때 X, Y의 결합 확률함수와 X, Y, Z의 결합 확률함수를 구하라.
(2) 복원 추출일 때 X와 Y의 결합 확률함수와 X, Y, Z의 결합 확률함수를 구하라.

8. 한 남자와 한 여자가 어떤 장소에서 만나기로 하였다. 각각이 만날 장소에 도착하는 시간은 서로 독립이고 11시와 12시 사이에서 균등분포를 따른다고 할 때, 먼저 도착한 사람이 10분 이상 기다릴 확률을 구하라.

chapter

5 통계학이란?

probability & statistics

5.1 통계학의 정의

통계학(statistics)이란 결정을 하기 위하여 자료를 모으고, 정리하고, 분석하고 해석하는 과학이다. 우리가 통계학을 배울 때 사용하는 자료에는 두 가지가 있다. 하나는 **모집단**(population)이고 또 하나는 **표본**(sample)이다. 모집단이란 관심의 대상 전체 모임 또는 집합을 말한다. 표본은 실제로 관측되거나 수집된 것으로 모집단의 일부분 또는 부분집합이다.

예 5.1.1

최근 조사에서 어느 지역에 살고 있는 성인 3000명에게 적어도 일주일에 한번은 인터넷을 이용하여 뉴스를 읽는지를 물어 보았다. 600명의 성인이 그렇다고 대답을 했다고 한다. 모집단과 표본을 구분하시오.

풀이 모집단은 어느 지역에 살고 있는 성인 전체가 되고, 표본은 실제로 조사된 3000명이다. ■

5.2 모수와 통계량

모수(parameter)란 모집단의 특성 값을 말한다. **통계량**(statistic)이란 표본의 특성 값을 말한다.

예 5.2.1

다음에서 어느 것이 모수이고, 어느 것이 통계량인지를 설명하시오.

1. 이공계 출신자 중에서 표본을 뽑아 조사하였더니 초임이 년 3,000만원보다 적었다.
2. 올해 어느 대학원 출신자 567명의 초임이 지난해보다 8.5% 증가했다.
3. 소매상을 대상으로 한 표본조사에서 식약청은 소매상의 34%가 적절한 온도에서 생선을 보관하고 있지 않다는 것을 발견하였다.

풀이 1. 3,000만원이라는 숫자가 모집단의 부분집합에 의존하므로 통계량이다.
2. 졸업생 전체에 대한 것이므로 8.5%는 모수이다.
3. 표본에 의존한 것이므로 34%는 통계량이다. ■

5.3 기술 통계학과 추측 통계학

통계학은 크게 **기술 통계학**(descriptive statistics), **추측 통계학**(inferential statistics)의 두 부류로 나눌 수 있다. 기술 통계학이란 자료를 정리하고 요약하고 나타내는 방법을 다루는 통계학 분야이다. 추측 통계학이란 표본에서 얻은 정보를 이용하여 모집단에 관한 결론을 이끌어 내는 방법을 다루는 분야이다. 도구로 확률을 이용한다.

예 5.3.1

연구의 어느 부분이 기술 통계학을 나타내는지를 설명하시오. 또 추측 통계학을 사용하여 연구로부터 어떤 결론을 이끌어 낼 수 있는가?

1. 48세 남자들로 된 대 표본을 18년 동안 조사해 왔다. 결혼하지 않은 사람들에 대하여 60%에서 70%가 65세에 살아 있었다. 결혼한 사람들은 90%가 65세에 살아있었다.
2. 증권 분석가들의 표본조사에서 최근에 부정확하게 수익을 예측한 사람들의 비율이 44%였다.

풀이 1. 결혼하지 않은 사람들에 대하여 60%에서 70%가 65세에 살아있었다. 결혼한 사람들은 90%가 65세에 살아있었다 라는 부분이 기술 통계학이다. 연구로부터 이끌어 낼 수 있는 추론은 결혼을 하는 것이 남자들이 더 오래 사는 것과 관계가 있다는 것이다.

2. '최근에 부정확하게 수익을 예측한 사람들의 비율이 44%였다'라는 부분이 기술 통계학이다. 가능한 추론은 주식시장은 전문가라도 예측하기가 어렵다는 것이다. ■

5.4 중심위치의 척도

중심경향의 척도(measure of central tendency)는 자료를 대표하는 값이다. 중심경향의 척도로 흔히 사용되는 세 가지 척도는 **평균**, **중앙값**, **최빈값**이다.

[정의 5.4.1]

자료의 **평균**(mean)은 자료 전체의 합을 자료수로 나눈 값이다. 즉,

$$\text{모평균: } \mu = \frac{1}{N}\sum_{i=1}^{N} x_i \text{ (모집단 크기 } N)$$

$$\text{표본평균: } \bar{x} = \frac{1}{n}\sum_{i=1}^{n} x_i$$

예 5.4.1

다음 자료의 평균을 구하시오.

500 840 470 480 420 440 440

풀이

$$\sum_{i=1}^{n} x_i = 500+840+470+480+420+440+440$$
$$= 3590$$

따라서 평균은

$$\bar{x} = \frac{\sum x}{n}$$
$$= \frac{3590}{7} \approx 512.86$$

■

[정의 5.4.2]

자료의 **중앙값**(median)은 자료를 크기 순서로 다시 정렬하였을 때 한 가운데 오는 값이다. 자료의 수가 짝수라면 한가운데 오는 두 개 값의 평균이 중앙값이다.

예 5.4.2

예 5.4.1의 자료의 중앙값을 구하시오.

풀이 우선 자료를 크기순으로 다시 정렬하면

420 440 440 470 480 500 840

이다. 따라서 중앙값은 4번째 값인 470이다.

■

예 5.4.3

자료가

420 440 440 470 500 840

인 경우 중앙값을 구하시오.

풀이 자료가 짝수이므로 한 가운데 오는 두 개 값의 평균이 중앙값이다. 따라서

중앙값 = (440 + 470) / 2 = 455

이다.

■

[정의 5.4.3]

자료의 **최빈값**(mode)은 가장 빈도가 높은 값이다. 전부 하나씩이라면 그 자료는 최빈값을 갖지 않는다. 만약 자료의 두 개 값이 같은 빈도를 갖는다면 둘 다 최빈값이고 **쌍봉**(bimodal)이라 불린다.

예 5.4.4

예 5.4.1의 자료의 최빈값을 구하시오.

풀이

420 440 440 470 480 500 840

이므로 최빈값은 빈도가 2인 440이다. ■

예 5.4.5

다음 자료를 이용하여 평균, 중앙값과 최빈값을 구하시오. 중심경향의 척도로 어느 것이 바람직하다고 생각하는가?

20 20 20 20 20 20 21 21 21 21
22 22 22 23 23 23 23 24 24 65

풀이

평균 : $\bar{x} = \dfrac{\sum x}{n} = \dfrac{475}{20} = 23.75$

중앙값 : 중앙값 $= \dfrac{21+22}{2} = 21.5$

최빈값 : 20 ■

중심경향의 척도로 어느 것이 바람직한지에 대한 정답은 없다. 하지만 평균은 65라는 이상점의 영향을 받는다. 거기에 비해 중앙값은 이상점의 영향을 받지 않는다. 최빈값이 존재하기는 하지만 전체를 대표한다고 보기는 어렵다.

5.5 변동의 척도

5.5.1 범위

자료의 변동을 재는 방법을 알아본다. 가장 쉬운 방법이 자료의 **범위**(Range)이다.

[정의 5.5.1]

자료의 범위(range)는 자료 값 중의 최대값과 최소값과의 차이이다.

$$범위 = 최대\ 자료값 - 최소\ 자료값$$

예 *5.5.1*

다음 자료의 범위를 구하시오.

41 38 39 45 47 41 44 41 37 42

풀이 범위 $= 47 - 37 = 10$ ■

5.5.2 편차, 분산, 표준편차

변동의 척도로 범위는 계산하기 쉽다는 이점이 있다. 하지만 자료 값 중 오직 두 개만 이용한다는 단점이 있다. 모든 자료 값을 이용하는 변동의 두 척도는 분산과 표준편차이다. 그러나 우선 편차가 무엇인지를 알 필요가 있다.

[정의 5.5.2]

편차(deviation)란 자료 값과 평균과의 차이이다. 즉

$$편차 = x - \mu$$

예 5.5.2

예 5.5.1 자료의 편차를 구하시오.

풀이 평균이 $\mu = 415/10 = 41.5$이므로 각 자료 값의 편차는 다음과 같다.

$$-0.5 \quad -3.5 \quad -2.5 \quad 3.5 \quad 5.5 \quad -0.5 \quad 2.5 \quad -0.5 \quad -4.5 \quad 0.5$$ ■

예 5.5.2에서 편차의 합은 0이라는데 주목하라. 어떤 자료에 대하여도 성립하므로 편차의 평균을 구하는 것은 의미가 없다. 이 문제를 극복하기 위하여 각 편차를 제곱한다. 모집단 자료인 경우 편차의 제곱의 평균을 **모분산**(population variance)이라 한다.

[정의 5.5.3]

전체 N개로 된 모집단의 모분산은

$$\sigma^2 = \frac{1}{N}\sum_{i=1}^{N}(x_i - \mu)^2$$

이다.

[정의 5.5.4]

모표준편차(population standard deviation)는 모분산의 양의 제곱근이다. 즉

$$\sigma = \sqrt{\sigma^2} = \sqrt{\frac{1}{N}\sum_{i=1}^{N}(x_i - \mu)^2}$$

예 5.5.3

예 5.5.1 자료의 모분산과 모표준편차를 구하시오.

풀이

$$\sum_{i=1}^{N}(x_i - \mu)^2 = 88.5, \quad N = 10$$

이므로

$$\sigma^2 = \frac{88.5}{10} = 8.85, \quad \sigma = \sqrt{8.85} \approx 2.97$$ ■

[정의 5.5.5]

크기 n인 표본의 표본분산과 표본표준편차는 다음과 같다.

$$\text{표본분산}: s^2 = \frac{1}{n-1}\sum_{i=1}^{n}(x_i - \overline{x})^2$$

$$\text{표본 표준편차}: s = \sqrt{s^2} = \sqrt{\frac{1}{n-1}\sum_{i=1}^{n}(x_i - \overline{x})^2}$$

예 5.5.4

예 5.5.1의 자료를 표본으로 생각하고 표본분산과 표본 표준편차를 구하시오.

풀이

$$\sum(x - \overline{x})^2 = 88.5, \quad n = 10$$

이므로

$$s^2 = \frac{88.5}{9} = 9.83 \quad s = \sqrt{9.83} \approx 3.14$$ ■

경험법칙

종 모양의 분포를 갖는 자료에 대하여 표준편차는 다음과 같은 특성을 갖는다.

1. 자료의 약 68%가 평균과 1 표준편차 사이에 놓인다.
2. 자료의 약 95%가 평균과 2 표준편차 사이에 놓인다.
3. 자료의 약 99.7%가 평균과 3 표준편차 사이에 놓인다.

5.6 사분위수

[정의 5.6.1]

세 개의 사분위수 Q_1, Q_2, Q_3는 근사적으로 자료를 4등분하는 값들이다. **제1사분위수**(first quartile) Q_1은 자료의 1/4이 이 값과 같거나 작고, **제2사분위수**(second quartile) Q_2는 자료의 반이 이 값과 같거나 작고, **제3사분위수**(third quartile) Q_3는 자료의 3/4이 이 값과 같거나 작다. 제2사분위수는 중앙값과 같다.

예 5.6.1

다음의 15명의 어떤 시험 성적이다. 사분위수를 구하시오.

13 9 18 15 14 21 7 10 11 20 5 18 37 16 17

풀이 우선 자료를 크기 순서로 정렬하여 중앙값 Q_2를 찾는다. 그런 다음 중앙값을 기준으로 다시 자료를 둘로 나눈 다음 각각의 자료에서 중앙값을 구한다. 그러면 $Q_2 = 15$이고 $Q_1 = 10$이고 $Q_3 = 18$이다. ■

[정의 5.6.2]

사분위수 범위(interquartile range; IQR)는 제1사분위수와 제3사분위수의 차이다. 즉

$$IQR = Q_3 - Q_1$$

예 5.6.2

예 5.6.1의 자료에서 IQR을 구하시오.

풀이 $Q_1 = 10$이고 $Q_3 = 18$이므로

$$\begin{aligned} IQR &= Q_3 - Q_1 \\ &= 18 - 10 = 8 \end{aligned}$$

■

[정의 5.6.3]

백분위수(percentile)는 자료를 백등분하는 값들이다.
$P_1,\ P_2,\ \cdots,\ P_{99}$로 표기한다. 예를 들어 P_{35}라면 자료의 35%가 이 값보다 작거나 같고, 자료의 75%가 이 값보다 크거나 같다.

[정의 5.6.4]

표준점수 z값은 주어진 값 x가 평균 μ에서 표준편차의 몇 배 만큼 떨어져 있는가를 나타낸다. 즉

$$z = \frac{x - \mu}{\sigma}$$

z값은 음수, 양수, 0일 수 있다. 음수라면 대응하는 x값이 평균보다 아래에 있다는 것이고, 양수라면 대응하는 x값이 평균보다 위에 있다는 것이다. $z = 0$이라면 대응하는 x값이 평균과 같다는 것이다.

예 5.6.3

고속도로의 직선코스를 따라 달리는 자동차의 평균속도가 시속 120km, 표준편차 6km/h이라 한다. 세대의 자동차가 시속 130km, 115km, 120km로 달리고 있었다. 각 속도에 대한 z값을 구하시오.

풀이 $x = 130$인 경우,

$$z = \frac{130 - 120}{6} = 5/3$$

$x = 115$인 경우,

$$z = \frac{115 - 120}{6} = -5/6$$

$x = 120$인 경우,

$$z = \frac{120 - 120}{6} = 0$$

■

연습문제

1. 다음 자료를 이용하여 평균, 중앙값, 최빈값을 구하시오.

9 7 8 6 9 12 11 5 9 10

2. 다음 자료를 이용하여 평균, 중앙값, 최빈값을 구하시오.

28 35 29 29 33 32 29 33 31 29

3. 다음은 4년제 대학의 한 학기 기숙사 요금을 표본 조사한 자료이다.

720,000 870,000 765,000 927,000 827,000 810,000

표본 평균, 표본 표준편차 및 표본 범위를 구하시오.

4. 다음은 통계학 강좌 수강 학생들의 중간고사를 표본으로 뽑은 것이다. 표본 평균, 표본 표준편차 및 표본 범위를 구하시오.

78 85 97 62 84 90 77 82 55 70 86

5. 다음은 통계학 강좌를 수강하고 있는 학생들의 키를 잰 것이다. 제1사분위수, 제3사분위수와 사분위수 범위를 구하시오.

175 169 172 185 173 179 167 180

6. 통계학 시험성적은 평균 63, 표준편차 7.0이고 생물학 시험성적은 평균 23, 표준편차 3.9라 한다. 성적의 분포는 근사적으로 대칭이라 가정한다. 다음의 각 성적에 대하여 시험성적을 z 값으로 바꾸고 어느 과목의 성적이 더 나은지를 결정하시오.

(1) 통계학 73점, 생물학 26점
(2) 통계학 60점, 생물학 20점
(3) 통계학 78점, 생물학 29점
(4) 통계학 63점, 생물학 23점

chapter

6 정규분포

이 장에서는 정규분포가 무엇인지를 알아보고 실생활 응용에서 정규분포의 성질을 어떻게 이용하는지를 알아본다.

6.1 정규분포란?

연속형 확률변수란 실수 상에서 구간으로 주어지는 셀 수 없는 연속적인 값을 갖는 확률변수로 그것의 확률분포를 **연속형 확률분포**(continuous probability distribution)라 한다.

이 장에서는 통계학에서 가장 중요한 연속형 확률분포인 정규분포에 대하여 살펴본다. 정규분포는 자연과학, 공학과 경영학 계통 등과 관련된 많은 측정치들을 모형화하는데 사용된다. 예를 들면 인간의 최고혈압, 텔레비전의 수명이나 주택관리 비용도 정규분포를 따르는 확률변수들이다.

정규분포의 성질

정규분포는 확률변수 X에 대한 연속형 확률분포이다. 정규분포의 그림은 **정규곡선**(normal curve)이라 불리우고 다음과 같은 성질을 갖고 있다.

1. 평균, 중앙값, 최빈값이 모두 같다.
2. 정규곡선은 종모양이고 평균을 중심으로 대칭이다.
3. 정규곡선 아래 전체 면적은 1이다.
4. 정규곡선은 평균으로부터 멀어질수록 x축에 가까워지지만 닿지는 않는다.
5. 정규곡선은 평균을 μ, 표준편차를 σ라 할 때 $\mu-\sigma$와 $\mu+\sigma$에서 변곡점을 갖는다.

만약 X가 평균 μ, 표준편차 σ를 갖는 정규분포를 갖는다면 확률밀도함수는

$$f(x)=\frac{1}{\sqrt{2\pi}\,\sigma}e^{-(x-\mu)^2/2\sigma^2},\quad -\infty<\mu<\infty,\quad \sigma>0$$

이다. 두 모수 μ, σ가 정규곡선의 모양을 완전히 결정한다. 평균은 분포의 중심위치(대칭점)를 결정하고 표준편차는 분포의 흩어진 정도를 결정한다.

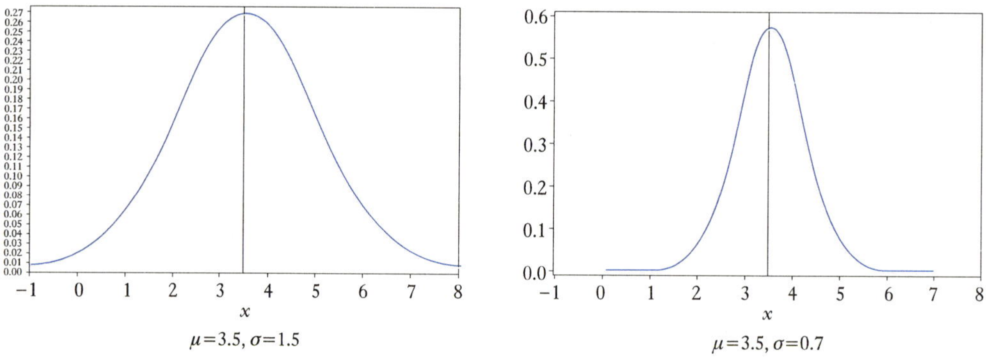

|그림 6.1|

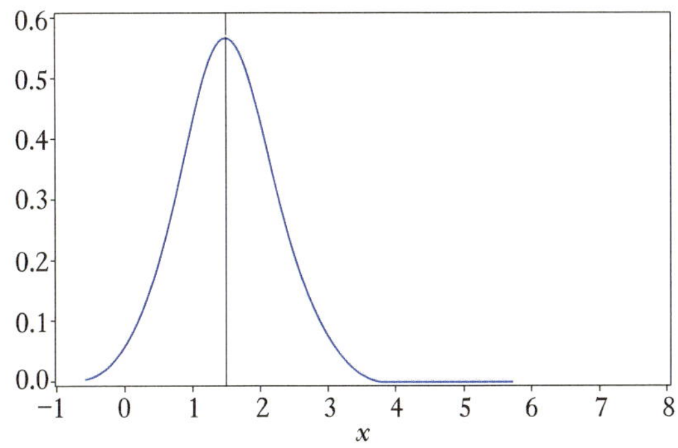

$\mu=1.5, \sigma=0.7$

|그림 6.2|

예 6.1.1 평균과 표준편차의 이해

1. 어느 정규곡선이 더 큰 평균을 가졌는가?
2. 어느 정규곡선이 더 큰 표준편차를 가졌는가?

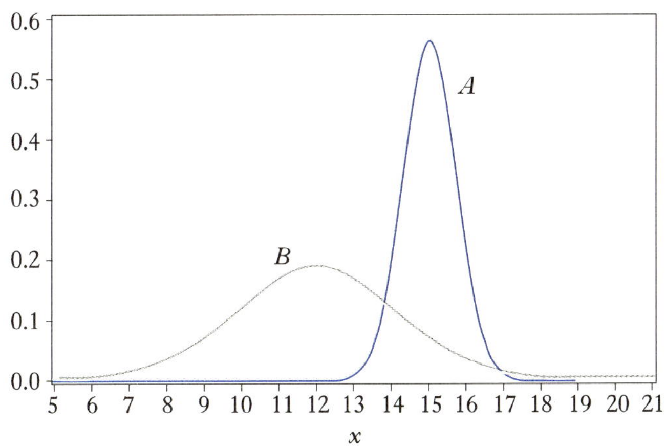

|그림 6.3|

풀이 1. 곡선 A의 대칭점은 $x=15$이고 B의 대칭점은 $x=12$이다. 따라서 A가 더 큰 평균을 갖고 있다.

2. 곡선 B가 곡선 A보다 더 퍼져 있다. 따라서 B가 더 큰 표준편차를 가지고 있다. ■

≪문제 6.1.1≫ 다음의 정규곡선을 고려하자. 어느 정규곡선이 가장 큰 평균을 가지고 있는가? 어느 정규곡선이 가장 큰 표준편차를 가지고 있는가? 이유를 설명하라.

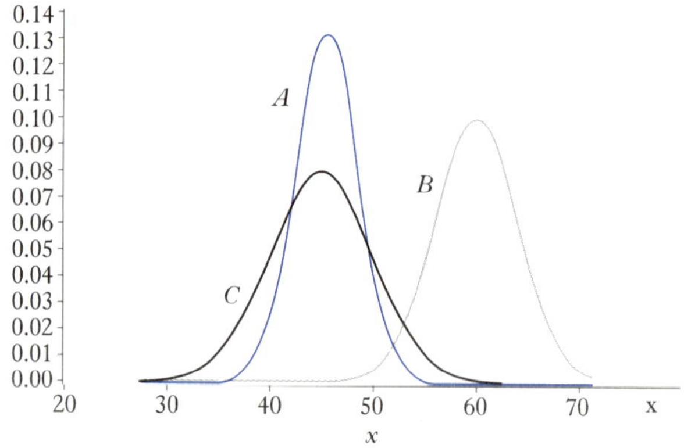

|그림 6.4|

예 6.1.2 정규분포의 이해

아래에 주어진 그림은 이 정규분포를 나타낸다. 이 정규분포의 평균과 표준편차를 추정해 보라.

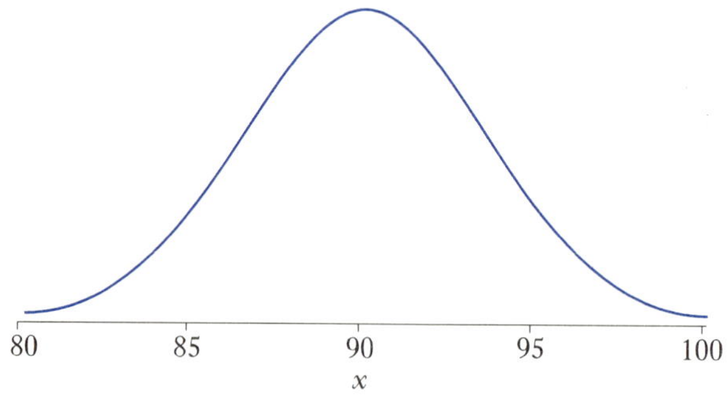

|그림 6.5|

풀이 정규곡선은 평균에 관하여 대칭이므로 $\mu \approx 90$이라고 추측할 수 있다.
변곡점은 평균으로부터 1 표준편차이므로 $\sigma \approx 3.5$라고 추측할 수 있다.
그러므로 평균 약 90, 표준편차 약 3.5를 갖는 정규분포를 따른다.

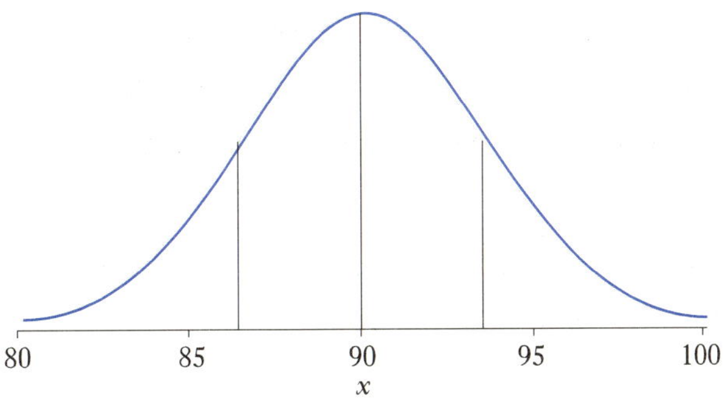

|그림 6.6|

≪문제 6.1.2≫ 아래에 주어진 그림은 이 정규분포를 나타낸다. 이 정규분포의 평균과 표준편차를 추정해 보라.

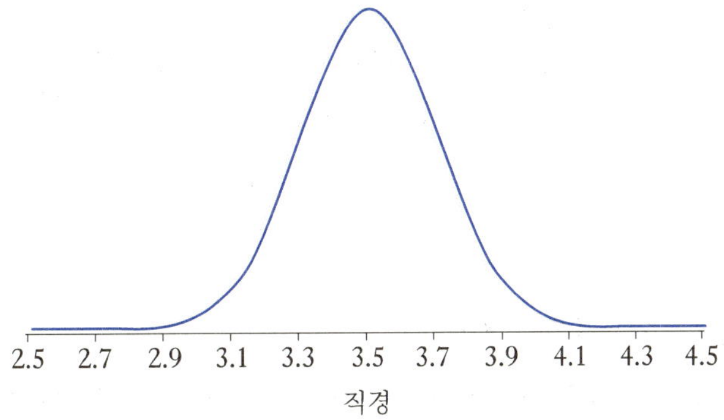

|그림 6.7|

(1) 정규곡선과 확률

확률곡선 하의 전체면적은 1이다. 확률곡선하의 영역의 면적은 확률변수가 대응하는 구간 안에서 값을 가질 확률과 같다. 이 장에서는 정규곡선 아래서 면적을 구하는 여러 방법을 다룬다.

(2) 경험규칙(empirical rule)

평균 μ, 표준편차 σ를 갖는 정규분포에서 다음과 같이 정규곡선하의 면적을 근사할 수 있다.

1. 면적의 약 68%는 $\mu-\sigma$와 $\mu+\sigma$ 사이에 놓인다.
2. 면적의 약 95%는 $\mu-2\sigma$와 $\mu+2\sigma$ 사이에 놓인다.
3. 면적의 약 99.7%는 $\mu-3\sigma$와 $\mu+3\sigma$ 사이에 놓인다.

만약 $\mu=20$, $\sigma=4$라면 $20-4=16$과 $20+4=24$ 사이의 면적은 0.68이다. 따라서 x가 16과 24 사이에 있을 확률은 0.68이다.

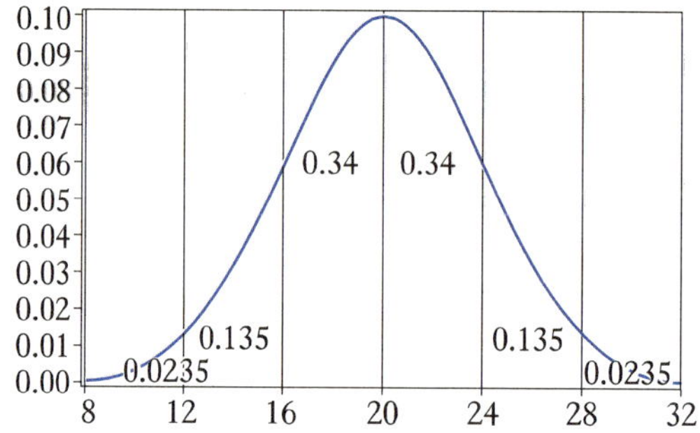

|그림 6.8|

예 6.1.3 정규곡선의 확률계산

성인 IQ 점수는 평균 $\mu=100$, 표준편차 $\sigma=15$인 정규분포를 따른다고 한다. 임의로 뽑힌 한 성인의 IQ가 70과 115 사이일 확률을 구하시오.

풀이 70은 평균보다 2 표준편차 아래이고 115는 평균보다 1 표준편차 위이다. 경험규칙을 사용하면 이 두 값 사이의 정규곡선의 면적은

$$\text{면적}=0.135+0.34+0.34=0.815$$

따라서 성인이 70과 115 사이의 IQ를 가질 확률은 0.815이다.

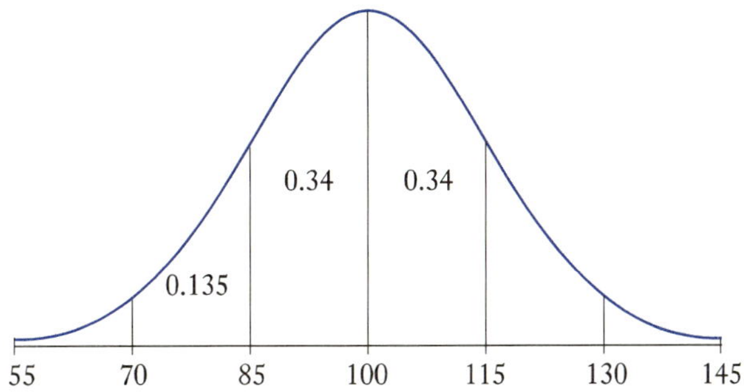

|그림 6.9|

≪문제 *6.1.3*≫ 임의로 뽑힌 성인이 85와 145 사이의 IQ를 가질 확률을 구하시오.

6.2 표준정규분포

(1) 표준정규분포

각각의 평균과 분산을 가진 수많은 정규분포가 있다. 평균 0과 표준편차 1인 정규분포를 **표준정규분포**(Standard normal distribution)라 부른다. 표준정규분포의 수평축은 **z-값**(z-score)에 대응된다. z-값은 어떤 값이 평균으로부터 표준편차의 몇 배 만큼 떨어져 있는지를 나타내는 값이다. 다음 식

$$z = \frac{x-\mu}{\sigma}$$

을 이용하여 x 값을 z 값으로 바꿀 수 있다.

[정의 6.2.1]

표준정규분포는 평균 0, 표준편차 1을 갖는 정규분포이다.

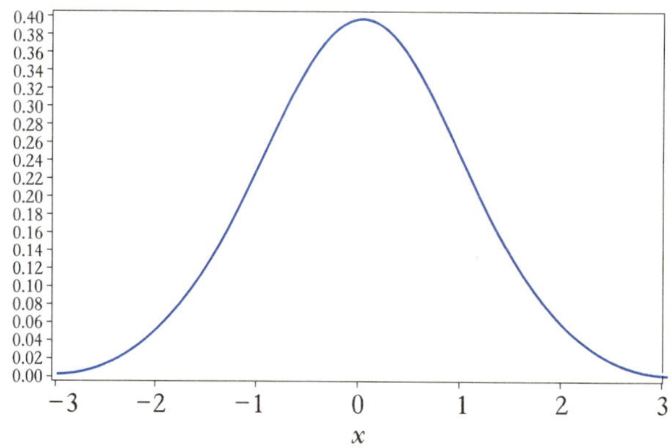

표준정규분포표

|그림 6.10|

만약 정규분포를 따르는 확률변수 x가 갖는 모든 값을 z-값으로 변환하면 표준정규분포가 된다.

6.1절에서 확률변수 x의 값이 평균으로부터 −3, −2, −1, 0, 1, 2, 3 표준편차에 대응할 때 정규 곡선 하에서의 면적을 근사하는 법을 다루었다. 이 절에서는 x값에 대응하는 면적을 구하는 방법을 다룬다. 즉 위의 공식을 이용하여 x값을 z값으로 변환하여 변환한 다음 부록의 표준정규의 누적분포표를 사용한다. 표를 이용하여 다음 사항을 알 수 있다.

표준정규분포의 성질

1. z이 −3.49에 가까운 경우의 누적 면적은 0에 가깝다.
2. z이 증가함에 따라 누적 면적은 증가한다.
3. $z = 0$에 대한 누적 면적은 0.5이다.
4. z이 3.49에 가까운 경우의 누적 면적은 1에 가깝다.

예 6.2.1 표준정규분포표의 이용

1. $z = 1.15$에 대응하는 누적 면적을 구하시오.
2. $z = -0.24$에 대응하는 누적 면적을 구하시오.

풀이 1. 부록의 표 4로부터 구하는 면적은 0.8749이다.

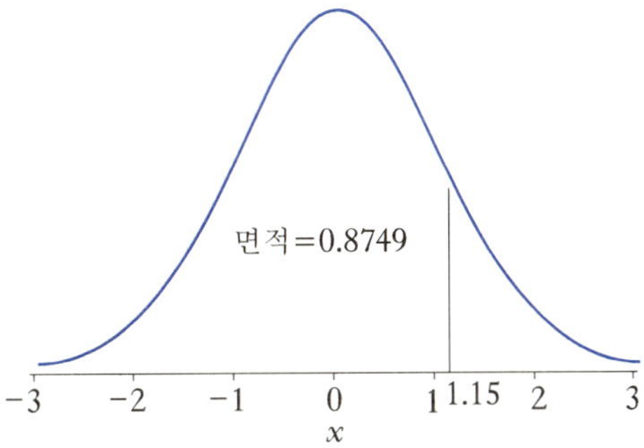

|그림 6.11|

2. 부록의 표 4로부터 구하는 면적은 0.4052이다.

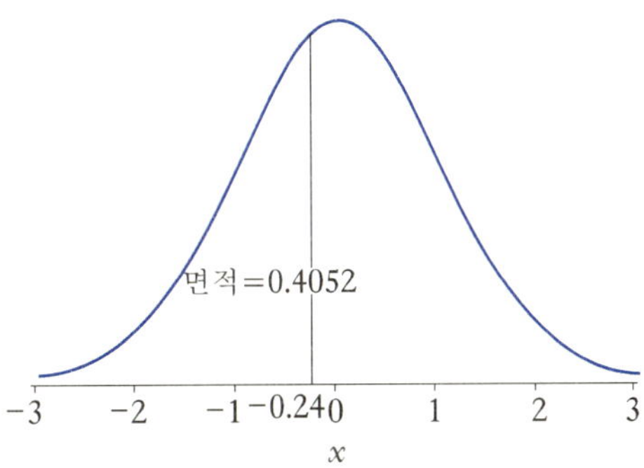

|그림 6.12|

≪문제 6.2.1≫ 1. $z = -2.19$보다 왼쪽에 있는 곡선의 면적을 구하시오.
2. $z = 2.17$보다 왼쪽에 있는 곡선의 면적을 구하시오.

표준정규곡선의 여러 형태의 면적을 구하기 위하여 다음의 절차를 이용할 수 있다.

1. 표준정규곡선을 그리고 곡선에 적절한 면적에 빗금을 그리시오.
2. 각 경우에 다음과 같이 면적을 구하시오.

a. z의 왼쪽에 대응하는 면적을 구하기 위해서는 표준정규표에서 z에 대응하는 면적을 찾는다.

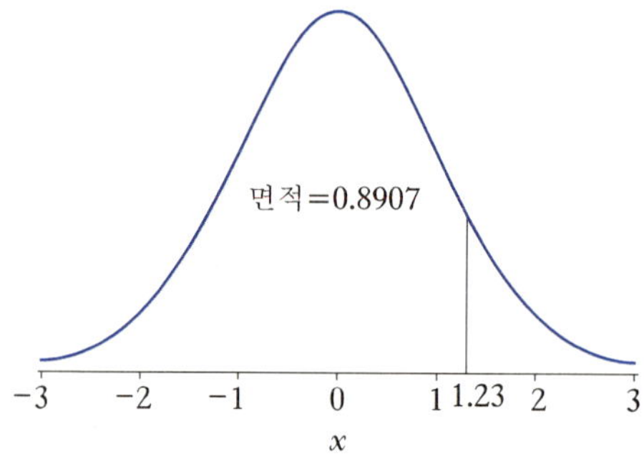

|그림 6.13|

b. z의 오른쪽 면적을 구하기 위해서는 1에서 z의 왼쪽에 대응하는 면적을 빼준다.

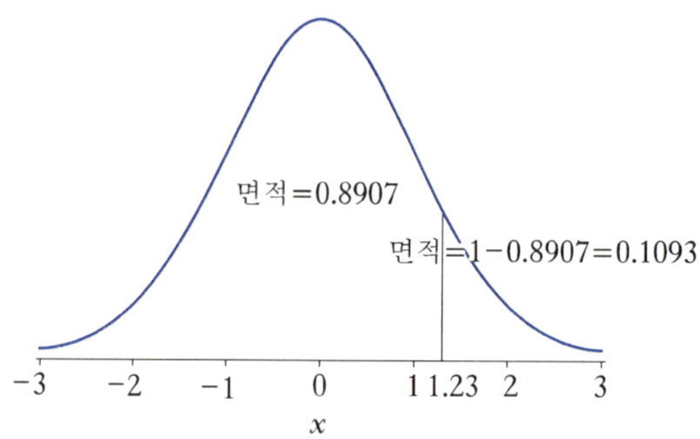

|그림 6.14|

c. z값 사이의 면적을 구하기 위해서는 표준정규표에서 z값에 대응하는 면적을 구하고 큰 면적에서 작은 면적을 빼준다.

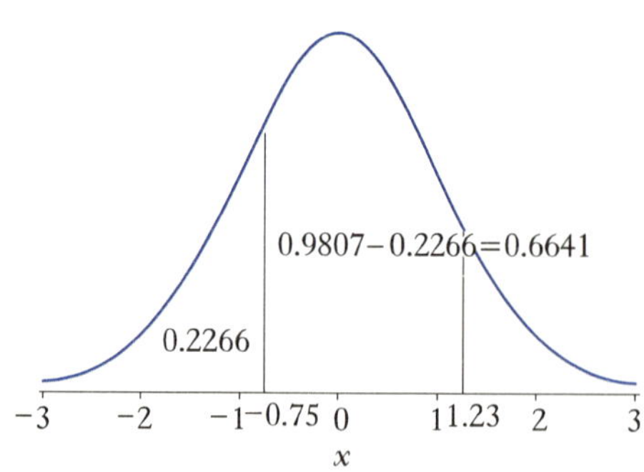

|그림 6.15|

예 6.2.2

$z = -0.99$ 보다 왼쪽 표준정규곡선의 아래 면적을 구하시오.

풀이 다음 그림과 같으므로 표준정규표로부터 이 면적은 0.1611이다.

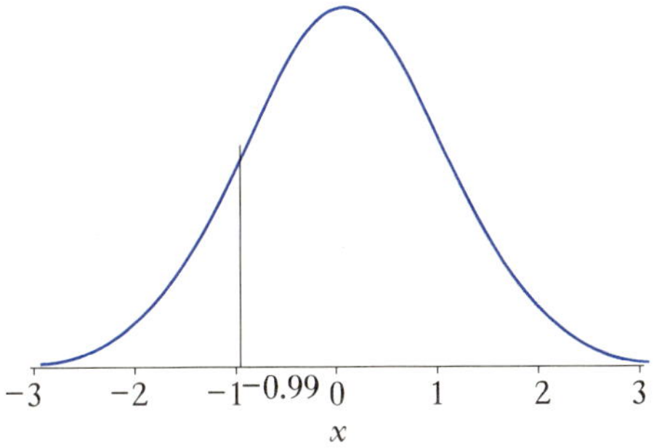

|그림 6.16|

≪문제 6.2.2≫ $z = 2.13$보다 왼쪽 표준정규곡선의 아래 면적을 구하시오.

예 6.2.3

$z = 1.06$보다 오른쪽 표준정규곡선의 아래 면적을 구하시오.

풀이

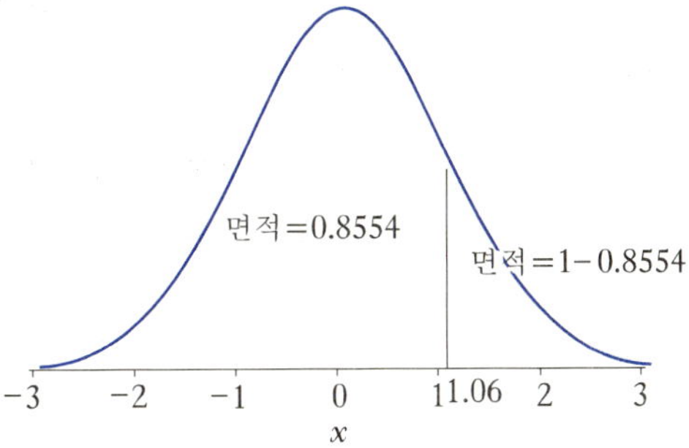

|그림 6.17|

그림과 같으므로 $z = 1.06$보다 왼쪽의 면적은 표로부터 0.8554이다. 따라서 구하는 면적은

$$\text{면적} = 1 - 0.8554$$
$$= 0.1446$$

이다. ■

《문제 6.2.3》 $z = -2.16$보다 오른쪽 표준정규곡선의 아래 면적을 구하시오.

예 6.2.4

$z = -1.5$와 $z = 1.25$ 사이에 있는 표준정규곡선의 면적을 구하시오.

풀이

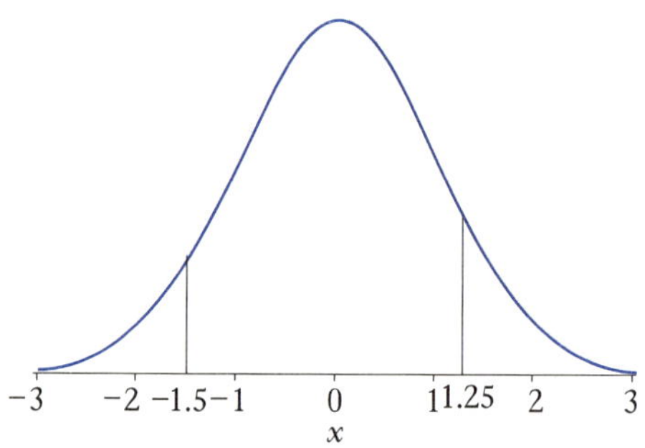

|그림 6.18|

그림과 같으므로 $z = 1.25$보다 왼쪽의 면적은 0.8944이고 $z = -1.5$보다 왼쪽의 면적은 0.0668이다. 따라서 구하는 면적은

$$\text{면적} = 0.8944 - 0.06689$$
$$= 0.8266$$

이다. ■

《문제 6.2.4》 $z = -2.16$와 $z = -1.35$ 사이에 있는 표준정규곡선의 면적을 구하시오.

6.3 정규분포 : 확률 계산

(1) 확률과 정규분포

만약 확률변수 X가 정규분포를 따른 다면 x가 주어진 구간에 속할 확률은 면적을 계산하여 구할 수 있다.

정규곡선하의 면적을 구하기 위하여 우선 구간의 상한과 하한을 z-값으로 바꾼다. 그런 다음 면적을 구하기 위하여 표준정규분포를 사용한다. 예를 들면 평균 $\mu = 500$, 분산 $\sigma = 100$인 정규곡선을 고려하자. $x = 600$을 z-값으로 바꾸면 1이 되므로 X가 600 이하일 확률은 z이 1이하일 확률과 같다.

예 6.3.1 정규분포의 확률계산

어떤 조사에서 사람들이 새것으로 업그레이드하기 전까지의 컴퓨터 평균사용기간이 평균 2.4년, 표준편차 0.5년이라 한다. 만약 컴퓨터를 가지고 있는 사람을 임의로 추출한다면 업그레이드 전까지 2년 미만을 사용할 확률을 구하시오. 단, 사용기간 X는 정규분포를 따른다고 가정한다.

풀이

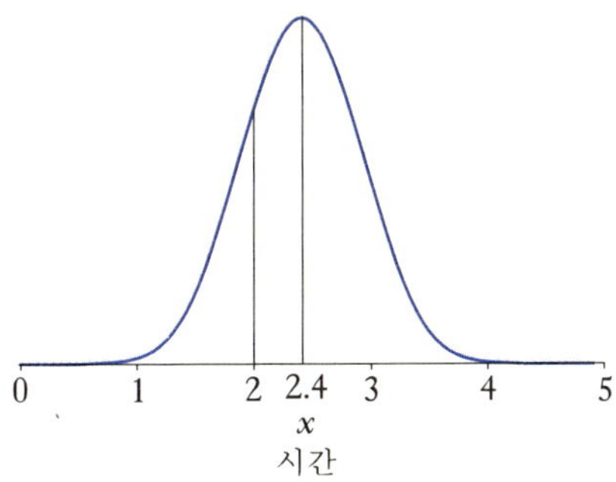

|그림 6.19|

그림에서 2에 대응하는 z-값은

$$z = \frac{x-\mu}{\sigma} = \frac{2-2.4}{0.5} = -0.8$$

이므로 표준정규분포표로부터 $P(Z < -0.8) = 0.2119$이다. ■

≪문제 6.3.1≫ A자동차의 자동 변속기는 시내 주행에서 리터당 평균 12km, 표준편차 2.5km를 주행한다고 한다. 임의로 A자동차를 뽑았을 때 리터당 주행거리가 15km 이상일 확률을 구하시오.

예 6.3.2

어떤 조사에서 고객이 슈퍼마켓에서 평균 $\mu = 45$분, 표준편차 $\sigma = 12$분 동안 머문다고 한다고 한다. 상점에서 머무는 시간 X가 정규분포를 따른다고 할 때,

1. 한 고객이 24분에서 54분 동안 머물 확률을 구하시오. 또 200명의 손님이 상점에 들어왔다면 얼마나 많은 고객이 이 시간 동안 머물 것이라고 기대할 수 있는가?
2. 39분 이상 머물 확률을 구하시오. 또 200명의 손님이 상점에 들어 왔다면 얼마나 많은 고객이 이 시간 동안 머물 것이라고 기대할 수 있는가?

풀이 1. 구하고자 하는 확률은 그림과 같으므로 우선 24와 54에 대하여 z-값을 구하면

$$z_1 = \frac{24-45}{12} = -1.75, \quad z_2 = \frac{54-45}{12} = 0.75$$

이다.

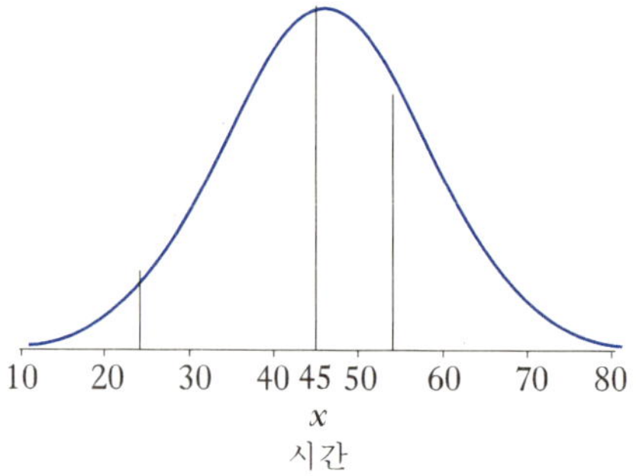

|그림 6.20|

따라서 고객이 24분에서 54까지 상점에 머물 확률은

$$P(24 < X < 54) = P(-1.75 < Z < 0.75)$$
$$= P(Z < 0.75) - P(Z \leq -1.75)$$
$$= 0.7734 - 0.0401$$
$$= 0.7333$$

또한 고객이 200명이라면 $200 \times 0.7333 = 146.66$(약 147명)명이 이 시간동안 상점에 머물 것이라고 기대할 수 있다.

2. 1에서와 마찬가지로

$$z = \frac{39-45}{12} = -0.5$$

이므로

$$P(X > 39) = P(Z > -0.5) = 1 - P(Z \geq 0.5) = 1 - 0.3085 = 0.6915$$

또한 $200 \times 0.6915 = 138.3$(약 138명)명이 39분 이상 상점에 머물 것이라고 기대할 수 있다.

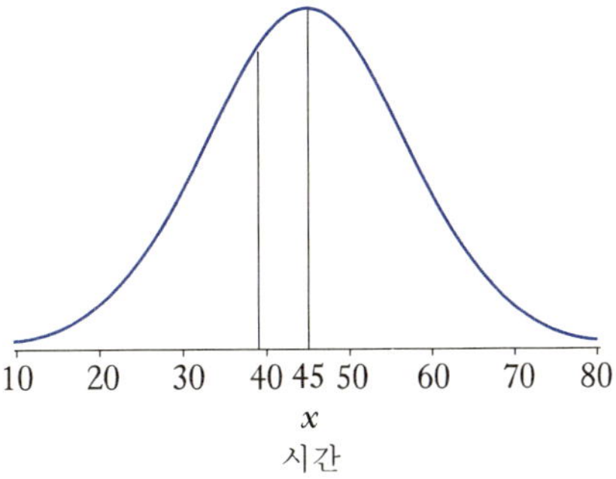

|그림 6.21|

≪문제 6.3.2≫ 고객이 33분에서 60분 사이 상점에 머물 확률은 얼마인가?

6.4 정규분포

(1) z값 찾기

6.3절에서는 x가 정규분포를 따르는 경우에 면적을 계산함으로써 주어진 구간에 x가 속할 확률을 구하였다. 그러나 만약 확률을 안다면 x값을 알 수 있을까? 예를 들면 어느 대학에서 입학시험을 치른 학생들 중에서 상위 10%에 들어가는 최소 점수를 알고 싶은 경우이다. 이 절에서는 다음 예제와 같이 정규곡선 하에서 주어진 면적에 대응하는 값을 찾는 방법을 다룬다.

예 6.4.1

1. 0.3632의 누적 면적에 대응하는 z값은?
2. 0.8925의 누적 면적에 대응하는 z값은?

풀이 부록의 표준정규분포표를 이용하여 각 확률에 대응하는 z 값을 찾을 수 있다.

1. 부록의 표를 이용하면 0.3632에 해당하는 z 값은 -0.35이다.
2. 부록의 표를 이용하면 0.8925에 해당하는 z 값은 1.24이다. ■

≪ 문제 6.4.1≫ 1. 0.384의 누적 면적에 대응하는 z 값은?
2. 0.9901의 누적 면적에 대응하는 z값은?

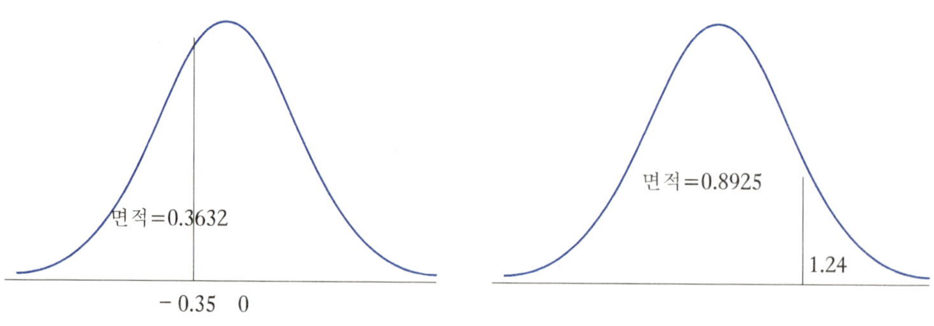

|그림 6.22|

분위수에 대응하는 z 값을 찾기 위하여 표준정규표를 이용한다. 만약 x가 83 백분위수를 나타낸다면 자료의 83%가 이 값보다 작고 17%가 이 값보다 크다는 것을 나타낸다는 것을 상기하라.

예 6.4.2

다음 백분위수에 대응하는 z 값을 구하시오.

1. P_5　　2. P_{50}　　3. P_{90}

풀이 1. P_5를 구하기 위하여 표준정규분포표로부터 그림과 같이 면적이 0.05에 해당되는 z-값을 구한다. 그러면 $z = -1.64$이면 0.505이고 $z = -1.65$이면 0.495이므로 0.05에 해당되는 z 값은 -1.645이다.

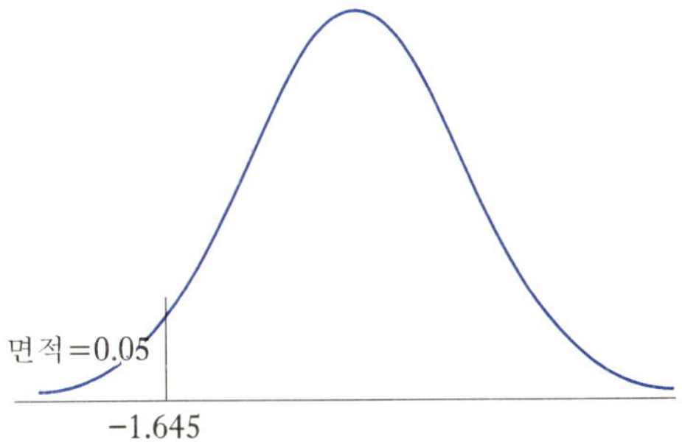

그림 6.23 |

2. P_{50}를 구하기 위하여 표준정규분포표로부터 그림과 같이 면적이 0.5에 해당되는 z-값을 구한다. 그러면 면적 0.5에 해당되는 z 값은 0이다.

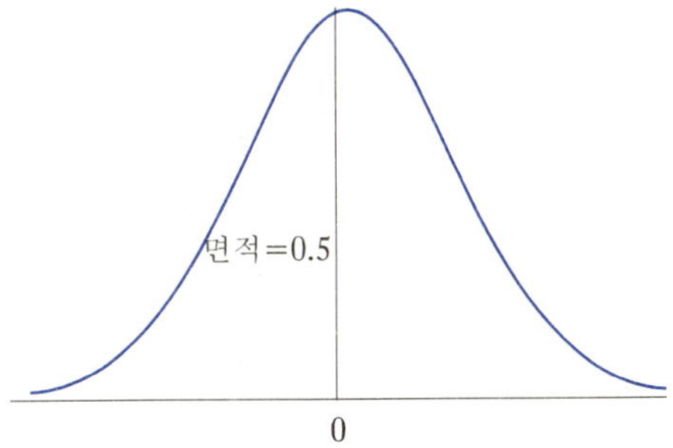

그림 6.24 |

3. P_{90}를 구하기 위하여 표준정규분포표로부터 그림과 같이 면적이 0.90에 해당되는 z-값을 구한다. 그러면 표에서 0.9에 가장 가까운 값은 0.8997로 z 값은 1.28이다.

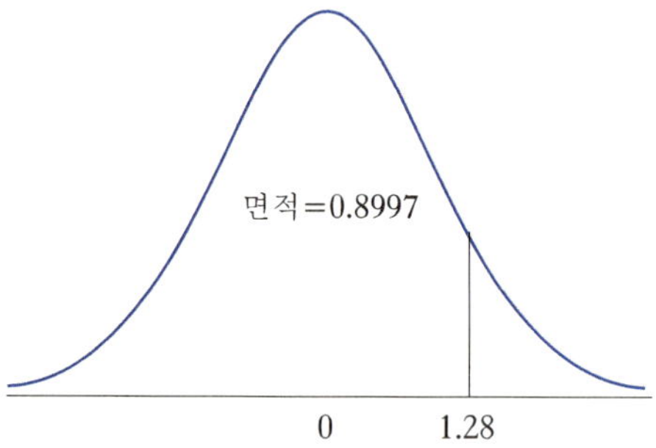

|그림 6.25|

≪문제 6.4.2≫ 다음 백분위수에 대응하는 z 값을 구하시오.

1. P_{10} 2. P_{20} 3. P_{99}

(2) z 값을 x 값으로 변환하기

x 값을 z 값으로 변환하기 위하여 공식

$$z = \frac{x - \mu}{\sigma}$$

을 사용한다. 만약 이 공식을 x에 대하여 풀면 z으로 x를 표현할 수 있는 새 공식을 얻는다.

$$z = \frac{x - \mu}{\sigma}$$

$$z\sigma = x - \mu$$

$$\mu + z\sigma = x$$

$$x = \mu + z\sigma$$

예 6.4.3

미국의 고속도로에서 자동차들의 평균속력이 시속 56마일이고 표준편차가 4마일이라고 한다. z 값이 1.96, -2.33, 0에 대응하는 속도 x를 구하시오.

풀이

$$z = 1.96 : x = 56 + 1.96(4)$$
$$= 63.84$$
$$z = -2.33 : x = 56 + (-2.33)(4)$$
$$= 46.68$$
$$z = 0 : x = 56 + 0(4)$$
$$= 56$$

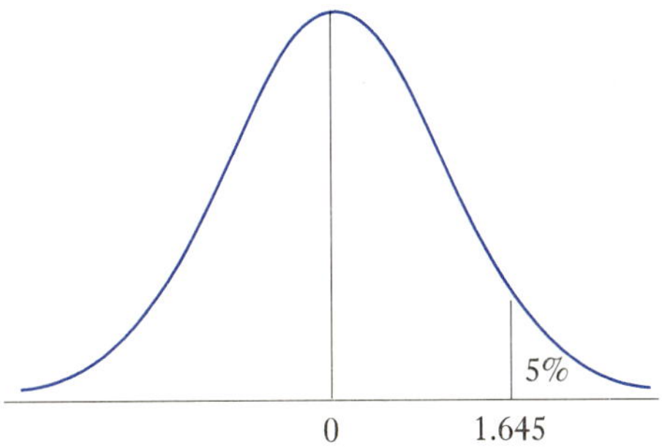

|그림 6.26|

≪문제 6.4.3≫ 어떤 도시에서 매달 내는 공과금이 평균 70,000원, 표준편차 8,000원이라 한다. z 값이 -0.75, 4.29, -1.82에 대응하는 x 값을 구하시오.

(3) 주어진 확률에 대한 특별한 자료 값 구하기

다음 예제와 같이 주어진 확률에 대한 특별한 자료 값을 구하기 위하여 정규분포를 이용할 수 있다.

예 6.4.4

어떤 자격시험성적이 평균 75, 표준편차 6.5인 정규분포를 따른다고 한다. 자격을 얻기 위하여 상위 5%의 점수를 얻어야 한다. 자격을 얻기 위한 최소 점수는 얼마인가?

풀이 상위 5%의 시험성적은 95백분위수 이상의 성적이다. 95백분위수를 나타내는 점수를 구하기 위하여 면적 0.95에 대응하는 z 점수를 먼저 구해야 한다. 표로부터 0.95에 가까운 면적은 0.9495($z=1.64$)와 0.9505($z=1.65$)이다. 따라서 z 값은 $z=1.645$ 식으로부터

$$\begin{aligned} x &= \mu + z\sigma \\ &= 75 + 1.645(6.5) \\ &\approx 85.69 \end{aligned}$$

따라서 최소 86점을 얻어야만 한다.

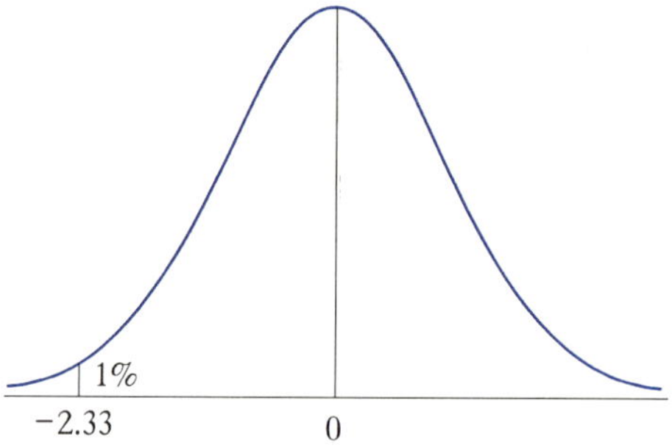

|그림 6.27|

≪문제 6.4.4≫ 어느 중학교 3학년 여학생들의 신장이 정규분포를 따른다고 한다. 평균신장이 158cm이고, 표준편차가 6.51cm라 한다. 하위 1%에 속하는 최대 신장은 얼마인가?

예 6.4.5

임의로 추출된 40에서 49세 사이의 남자 1169명의 평균 전체 콜레스테롤 수준이 211이고 표준편차가 39.2이다. 정규분포를 가정한다. 하위 1%에 속하는 가장 높은 전체 콜레

스테롤 수준을 구하시오.

풀이) 최하위 1%에 속하는 전체 콜레스테롤 수준은 제1백분위수 아래 수준이다. 제1백분위수를 나타내는 점수를 구하기 위하여 면적 0.01에 대응하는 z 점수를 먼저 구해야 한다. 표로부터 0.01에 가까운 면적은 0.0099로 z 값은 $z = -2.33$이다. 식으로부터

$$\begin{aligned} x &= \mu + z\sigma \\ &= 211 + (-2.33)(39.2) \\ &\approx 119.66 \end{aligned}$$

■

≪문제 6.4.5≫ 어떤 회사에서 직원들의 근무기간이 평균 11.2년, 표준편차 2.1년의 정규분포를 따른다고 한다. 삭감정책에 의하여 하위 10%가 해고된다고 한다. 이들의 최대 근무 기간은 얼마인가?

6.5 중심극한 정리

(1) 표본 분포

전 절에서는 모평균과 확률변수의 값과의 관계를 다루었다. 이 절에서는 모평균과 모집단으로부터 추출된 표본의 평균과의 관계를 다룬다.

[정의 6.5.1]

표본분포(sampling distribution)는 크기 n의 표본이 어떤 모집단으로부터 반복적으로 추출되었을 때 만들어지는 표본 통계량의 확률분포이다. 만약 표본 통계량이 표본 평균이라면 그 분포는 **표본 평균의 표본 분포**(sampling distribution of sample means)이다.

(2) 표본 평균의 표본 분포의 성질

$X_1, \cdots, X_n \sim (\mu, \sigma^2)$인 경우

1. 표본 평균의 평균 $\mu_{\bar{x}}$는 모평균 μ와 같다. 즉 $E(\overline{X}) = \mu_{\bar{x}} = \mu$.
2. 표본 평균의 표준편차 $\sigma_{\bar{x}}$는 모표준편차를 $\sqrt{n}$으로 나눈 것과 같다.

   즉 $Var(\overline{X}) = \sigma\frac{2}{x} = \frac{\sigma^2}{n}$이므로 $\sigma_{\bar{n}} = \frac{\sigma}{\sqrt{n}}$

표본평균의 표본분포의 표준편차를 **평균의 표준 오차**(standard error of the mean)라 한다.

예 6.5.1 표본평균의 표본분포

4개의 요소 {1, 3, 5, 7}로 이루어진 모집단에서 복원으로 두 개를 추출한다. 크기 $n = 2$의 모든 가능한 표본을 열거하고 각각의 평균을 구하시오. 이것이 표본평균의 표본분포를 의미한다. 표본평균의 평균, 분산, 표준편차를 구하시오. 그 결과를 모평균 $\mu = 4$와 모분산 $\sigma^2 = 5$, 모표준편차 $\sigma = \sqrt{5}$와 비교하시오.

풀이 모두 16가지의 표본이 있다.

표본	평균
1, 1	1
1, 3	2
1, 5	3
1, 7	4
3, 1	2
3, 3	3
3, 5	4
3, 7	5

표본	평균
5, 1	3
5, 3	4
5, 5	5
5, 7	6
7, 1	4
7, 3	5
7, 5	6
7, 7	7

표본평균의 상대도수분포표를 만들고 다음과 같이 상대도수 히스토그램을 사용하여 표본분포를 그릴 수 있다.

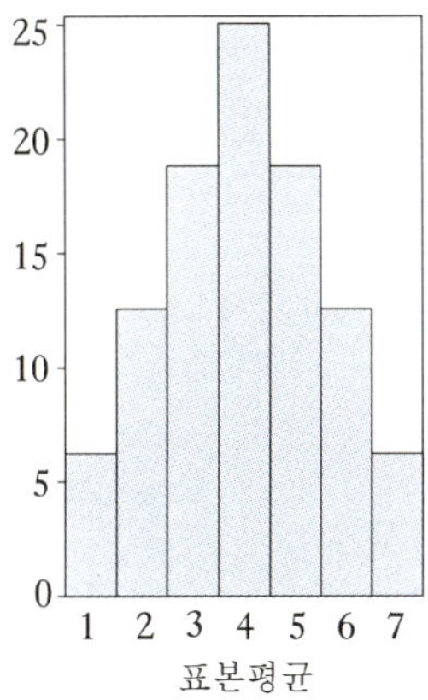

|그림 6.28|

히스토그램의 모양이 종 모양이고 대칭으로 정규곡선과 비슷하다는 점에 주목하시오. 16개의 표본편차의 평균, 분산, 표준편차는

$$\mu_{\bar{x}} = 4$$

$$\sigma_{\bar{x}}^2 = \frac{5}{2} = 2.5, \quad \sigma_{\bar{x}} = \sqrt{2.5}$$

이 결과는 표본분포의 성질을 만족한다. 왜냐하면

$$\mu_{\bar{x}} = \mu = 4, \quad \sigma_{\bar{x}} = \frac{\sigma}{\sqrt{n}} = \frac{\sqrt{5}}{\sqrt{2}}$$ ■

≪문제 *6.5.1*≫ {1, 2, 3, 5, 6, 7}로 이루어진 모집단에서 복원으로 두 개를 추출하는 경우 크기 $n = 2$의 모든 가능한 표본을 열거하시오. 표본평균의 평균, 분산, 표준편차를 계산하고 대응하는 모수 값과 비교하시오.

(3) 중심극한정리

중심극한정리(central limit theorem)는 통계학에서 가장 중요하고 유용한 이론의 하나이다. 이 이론은 통계학의 추론분야에 대한 기초를 제공한다. 중심극한정리는 표본평균의 표본분포와 표본이 추출된 모집단 사이의 관계를 설명한다.

1. $n \geq 30$일 때 크기 n의 표본이 평균 μ, 표준편차 σ를 갖는 모집단으로부터 뽑아졌다면 표본평균의 표본분포는 근사적으로 정규분포를 따른다. 표본 크기가 커질수록 근사는 더 좋아진다.
2. 모집단이 정규분포를 따른다면 표본평균의 표본분포는 임의의 표본크기에 대하여 정규분포를 따른다.

두 경우 다 표본평균의 표본분포는 모평균과 같은 평균을 갖는다. 즉 $\mu_{\bar{x}} = \mu$. 그리고 표본평균의 표본분포는 모분산의 $1/n$배의 분산을 갖고 모표준편차의 $1/\sqrt{n}$배의 표준편차를 갖는다. 즉

$$\sigma_{\bar{x}}^2 = \frac{\sigma^2}{n}$$

$$\sigma_{\bar{x}} = \frac{\sigma}{\sqrt{n}}$$

표본 평균의 표본 분포의 표준편차를 **평균의 표준오차**(standard error)라 한다.

예 6.5.2

어떤 통신회사 이용자의 월 평균 문자통화 회수가 평균 64회, 표준편차 9회이다. 이 모집단으로부터 36명의 확률표본을 뽑아 평균 문자통화 회수를 구한다. 표본분포의 평균과 표준오차를 구하시오. 표본분포의 그래프를 그리시오.

풀이 표본분포의 평균은 모평균과 같고 평균의 표준오차는 모 표준편차를 $\sqrt{n}$으로 나누면 된다. 따라서

$$\mu_{\bar{x}} = \mu = 64$$

$$\sigma_{\bar{x}} = \frac{\sigma}{\sqrt{n}} = \frac{9}{\sqrt{36}} = 1.5$$

중심극한정리로부터 표본크기가 30보다 크므로 표본분포는 $\mu = 64$, $\sigma = 1.5$를 갖는 정규분포로 근사할 수 있다.

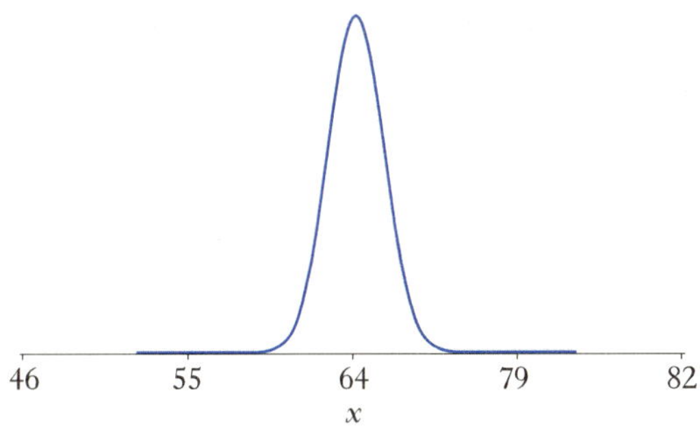

|그림 6.29|

≪문제 6.5.2≫ 크기 100의 확률표본이 예제 6.5.2의 모집단에서 뽑아졌다고 하자. 표본분포의 평균과 평균의 표준오차를 구하시오. 표본분포를 그리고 예제 6.5.2와 비교하시오.

예 6.5.3

어떤 제품의 수명이 평균 90일, 표준편차 3.5일을 갖는 정규분포를 따른다. 크기 4의 확률표본이 이 모집단으로부터 추출되어 평균이 계산된다. 표본분포의 평균과 표준오차를 구하시오. 또한 표본분포를 그림으로 나타내시오.

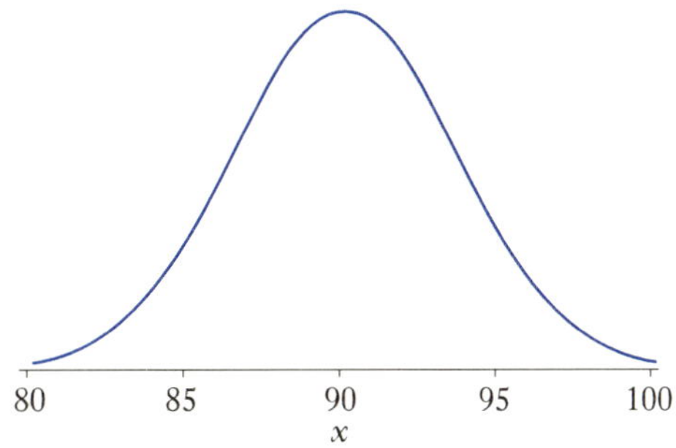

|그림 6.30|

풀이 표본분포의 평균은 모평균과 같고 평균의 표준오차는 모 표준편차를 $\sqrt{n}$ 으로 나누면 된다. 따라서

$$\mu_{\bar{x}} = \mu = 90$$
$$\sigma_{\bar{x}} = \frac{\sigma}{\sqrt{n}} = \frac{3.5}{\sqrt{4}} = 1.75$$

중심극한정리로부터 모집단이 정규분포를 따르므로 표본평균의 표본분포도 정규분포를 따른다.

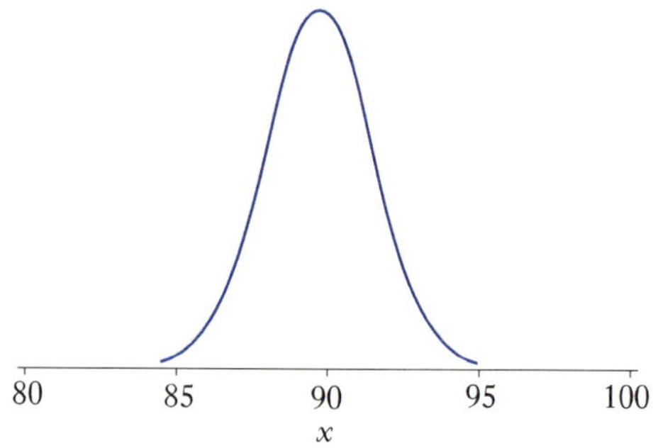

|그림 6.31|

≪문제 *6.5.3*≫ 어떤 나무의 직경은 평균 3.5피트, 표준편차 0.2피트를 갖는 정규분포를 따른다. 크기 16의 확률표본이 이 모집단으로부터 추출되어 평균이 계산된다. 표본분포의 평균과 표준오차를 구하시오. 또한 표본분포를 그림으로 나타내시오.

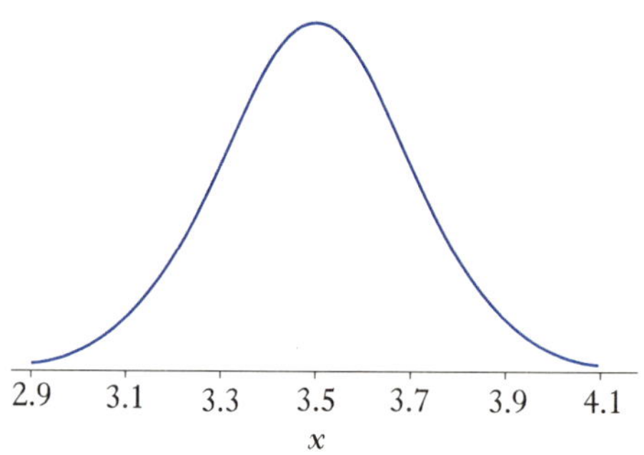

|그림 6.32|

(4) 확률과 중심극한정리

6.2절과 6.3절에서 확률변수 x가 모집단 값의 주어진 구간에 속할 확률을 구하는 방법을 다루었다. 비슷한 방법으로 표본평균 $\overline{X}$가 주어진 구간에 속할 확률을 구할 수 있다. $\overline{x}$를 z-값으로 바꾸기 위하여 공식

$$z = \frac{\bar{x} - \mu_{\bar{x}}}{\sigma_{\bar{x}}} = \frac{\bar{x} - \mu}{\sigma / \sqrt{n}}$$

을 이용한다.

예 6.5.4

나이에 따라 신문을 읽는데 사용하는 평균시간이 9분이라 한다. 18세에서 24세 사이의 성인 50명을 뽑았을 때 신문 읽는 시간이 8.7분에서 9.5분 사이일 확률을 구하시오. 단, 표준편차는 $\sigma = 1.5$분이라 가정한다.

풀이 표본 크기가 30보다 크므로 중심극한 정리를 사용하면

$$\mu_{\bar{x}} = \mu = 9$$

$$\sigma_{\bar{x}} = \frac{\sigma}{\sqrt{n}} = \frac{1.5}{\sqrt{50}} \approx 0.21213$$

을 갖는 정규분포로 근사할 수 있다.
이 분포의 그래프가 다음 그림이다.

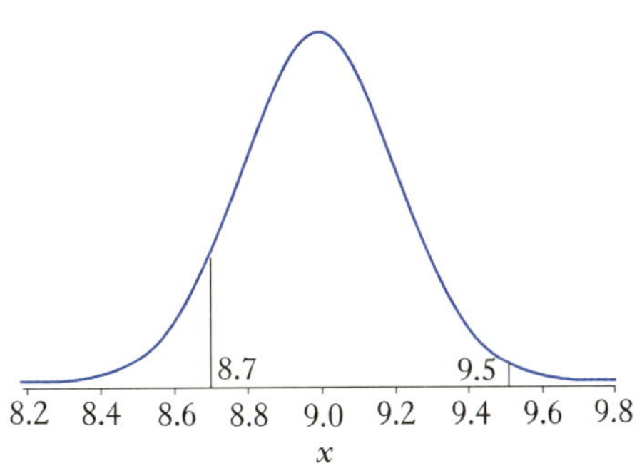

|그림 6.33|

8.7과 9.5에 대응하는 z-값은

$$z_1 = \frac{8.7 - 9}{1.5/\sqrt{50}} \approx \frac{8.7 - 9}{0.21213} \approx -1.41$$

$$z_2 = \frac{9.5 - 9}{1.5/\sqrt{50}} \approx \frac{9.5 - 9}{0.21213} \approx 2.36$$

이다.

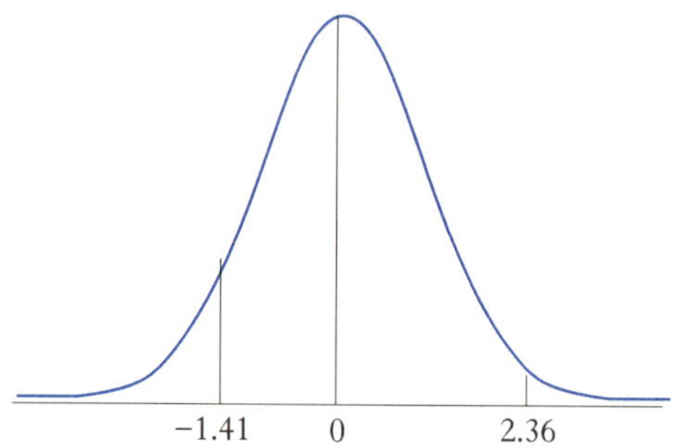

|그림 6.34|

따라서 구하는 확률은

$$
\begin{aligned}
P(8.7 < \overline{X} < 9.5) &= P(-1.41 < Z < 2.36) \\
&= P(z < 2.36) - P(Z \le -1.41) \\
&= 0.9909 - 0.0793 \\
&= 0.9116
\end{aligned}
$$

≪문제 6.5.4≫ 18세에서 24세 사이의 성인 100명을 뽑았을 때 신문 읽는 시간이 8.7분에서 9.5분 사이일 확률을 구하시오. 단, 표준편차는 $\sigma = 1.5$분이라 가정한다.

예 6.5.5

어느 도시의 아파트 관리비가 연평균 780만원이라 한다. 9개의 아파트를 임의로 추출하였다. 평균 관리비가 825만원보다 적을 확률을 구하시오. 관리비는 표준편차 150만원인 정규분포를 따른다고 가정한다.

풀이 모집단이 정규분포를 따르므로 표본평균의 표본분포는 평균 780만원, 표준편차 50만원인 정규분포를 따른다. 즉

$$\mu_{\overline{x}} = \mu = 780$$

$$\sigma_{\overline{x}} = \frac{\sigma}{\sqrt{n}} = \frac{150}{\sqrt{9}} = 50$$

이 분포의 그래프가 다음 그림이다.

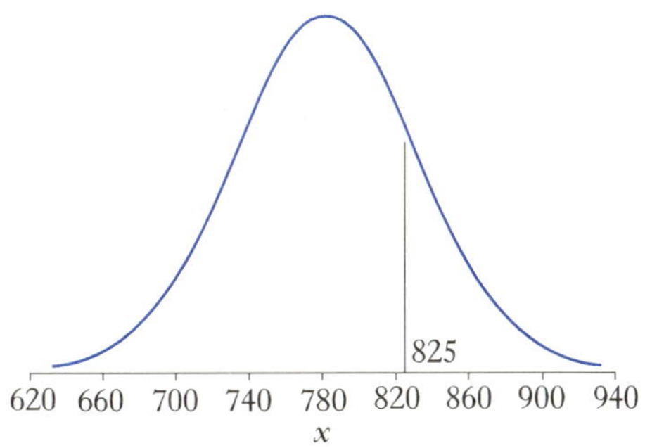

|그림 6.35|

825 대응하는 z-값은

$$z = \frac{825-780}{150/\sqrt{9}} = \frac{825-780}{50} = 0.9$$

이다. 따라서 구하는 확률은

$$P(\overline{X} < 825) = P(Z < 0.9) = 0.8159$$ ■

≪문제 6.5.5≫ 어떤 전자부품의 평균 판매 가격이 125,000원이라 한다. 임의로 12개의 판매점을 고른다. 평균가격이 100,000원 이상일 확률을 구하시오. 판매 가격은 표준편차 26,000원인 정규분포를 따른다고 가정한다.

예 6.5.6 X와 $\overline{X}$에 대한 확률 구하기

신용카드잔액이 평균 287만원, 표준편차 90만원인 정규분포를 따른다.

1. 임의로 추출된 한명의 신용카드 소지자가 250만원보다 적은 잔고를 가지고 있을 확률을 구하시오.
2. 임의로 25명의 카드소지자를 추출하였다. 평균 잔고가 250만원보다 적을 확률을 구하시오.
3. (1)과 (2)의 확률을 비교하시오.

풀이 1. 이 경우는 하나의 확률변수에 관련된 확률을 구하는 것이다. $x = 250$에 대응하는 z 값은

$$z = \frac{x - \mu}{\sigma} = \frac{250 - 287}{90} \approx -0.41$$

따라서 구하는 확률은

$$P(X < 250) = P(Z < -0.41) = 0.3409$$

2. 표본평균 $\overline{X}$에 관련된 확률을 구하는 것이다. $\overline{x} = 250$에 대응하는 z 값은

$$\begin{aligned} z = \frac{\overline{x} - \mu_{\overline{x}}}{\sigma_{\overline{x}}} &= \frac{\overline{x} - \mu}{\sigma / \sqrt{n}} \\ &= \frac{250 - 287}{90 / \sqrt{25}} \\ &= \frac{250 - 287}{18} \\ &\approx -2.06 \end{aligned}$$

따라서

$$P(\overline{X} < 250) = P(Z < -2.06) = 0.0197$$ ■

≪문제 6.5.6≫ 오디오 시스템가격이 평균 62.5만원, 표준편차 15만원인 정규분포를 따른다.

1. 임의로 추출된 하나의 시스템 가격이 70만원보다 적을 확률을 구하시오.
2. 임의로 10개의 시스템을 추출하였다. 평균 가격이 70만원보다 적을 확률을 구하시오.
3. (1)과 (2)의 확률을 비교하시오.

6.6 이항분포의 정규근사

(1) 이항분포의 근사

3.4절에서 이항확률을 구하는 법을 다루었다. 예를 들면 만약 수술이 85%의 성공확률을 갖고 의사가 10명의 환자를 수술하였다면 정확히 두 번 수술이 성공할 확률을 구하는 것은 쉽다.

그러나 의사가 150명의 환자를 수술하여 100번보다 적게 성공할 확률을 구하는 경우를 고려하자. 이 경우 컴퓨터의 도움 없이는 계산이 번잡하므로 이항분포를 정규분포로 근사한다.

(2) 이항분포에 대한 정규근사

만약 $np \geq 5$, $nq \geq 5$이라면 이항확률변수는 평균

$$\mu = np$$

표준편차

$$\sigma = \sqrt{npq}$$

를 갖는 정규분포로 근사된다.

결과가 왜 타당한지를 알아보기 위하여 $p = 0.25$와 $n = 4$, $n = 10$, $n = 25$, $n = 50$인 이항분포를 살펴보면 n이 증가함에 따라 히스토그램이 정규곡선에 접근한다는 것을 알 수 있다.

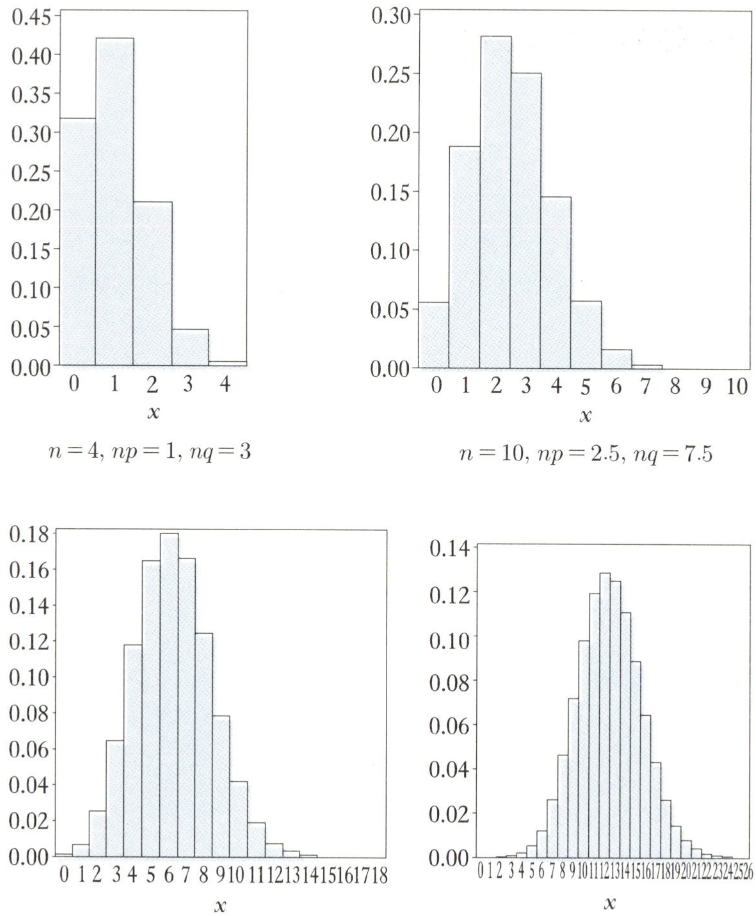

$n=4,\ np=1,\ nq=3$ $n=10,\ np=2.5,\ nq=7.5$

$n=25,\ np=6.25,\ nq=18.75$ $n=50,\ np=12.5,\ nq=37.5$

|그림 6.36|

예 6.6.1

두 개의 이항분포가 있다. '예'라고 대답한 사람의 수 x를 근사하기 위하여 정규분포를 사용할 수 있는 경우는 어느 것인가? 아니라면 그 이유를 설명하라.

1. 어느 지역에 거주하는 사람의 37%가 국경일에 국기를 단다고 한다. 임의로 15명을 추출하여 국경일에 국기를 달 것인가를 물어본다.
2. 어느 지역에 거주하는 사람의 93%가 국가가 바뀌기를 바라지 않는다고 한다. 임의로 65명을 추출하여 국가를 그대로 유지하기를 원하는지를 물어본다.

풀이 1. $n = 15$, $p = 0.37$, $q = 0.63$이므로

$$np = 15 \times 0.37 = 5.55, \quad nq = 15 \times 0.63 = 9.45$$

np나 nq가 5보다 크므로 평균

$$\mu = 5.55$$

표준편차

$$\sigma = \sqrt{npq} = \sqrt{15 \cdot 0.37 \cdot 0.63} \approx 1.87$$

인 정규분포로 근사할 수 있다.

2. $n = 65$, $p = 0.93$, $q = 0.07$이므로

$$np = 65 \times 0.93 = 60.45, \quad nq = 65 \times 0.07 = 4.55$$

$np < 5$이므로 정규분포로 근사하지 않는 것이 좋다. ■

≪문제 6.6.1≫ 다음의 이항실험을 고려한다. 예라고 대답한 사람의 수 X를 정규분포로 근사할 수 있는지를 결정하라. 만약 그렇다면 평균과 표준편차를 구하고 아니라면 이유를 설명하라.

실험 … 어느 지역에 사는 사람의 오직 8%가 10년 전보다 자신이 사는 지역에 대하여 애정을 느낀다고 한다. 70명을 임의로 추출하여 10년 전보다 더 애정을 느끼는지를 물어본다.

(3) 연속성의 수정

이항분포는 이산이고 확률히스토그램으로 나타낼 수 있다. 정확한 이항확률을 계산하기 위하여 x의 각 값에 대하여 이항 공식을 적용하여 결과를 더하면 된다. 기하학적으로 이것은 확률히스토그램의 막대의 면적을 더하는 것에 해당한다. 이 경우 막대의 폭은 1이고 x 값은 구간의 중간점이라는 것에 주목한다.

이항확률을 근사하기 위하여 연속인 정규분포를 사용할 때 x의 모든 값을 포함시키기

위하여 0.5 단위만큼 좌우로 움직일 필요가 있다. 이러할 때 **연속성의 수정**(correction for continuity)을 한다고 말한다.

예 6.6.2

다음의 이항 구간을 정규분포의 구간으로 바꾸기 위하여 연속성의 수정을 사용하여라.

1. 270과 310 사이의 성공을 얻을 확률
2. 적어도 158번 성공할 확률
3. 63번보다 적게 성공할 확률

풀이 1. 이산 중간점은 270, 271, ⋯, 310이다.
연속 정규분포를 위한 구간은 $269.5 < x < 310.5$이다.
2. 이산 중간점은 158, 159, ⋯ 이다. 연속 정규분포를 위한 구간은 $x > 157.5$이다.
3. 이산 중간점은 ⋯, 60, 61, 62이다. 연속 정규분포를 위한 구간은 $x < 62.5$이다. ■

≪문제 6.6.2≫ 다음의 이항 구간을 정규분포의 구간으로 바꾸기 위하여 연속성의 수정을 사용하라.

1. 57과 83 사이의 성공을 얻을 확률
2. 기껏해야 54번 성공할 확률

(4) 이항확률의 근사

이항확률을 근사하기 위하여 정규분포 사용하기

절차 ⋯ 1. 이항분포가 적용되는지를 확인하라. → $n, p, q.$
2. 이항변수 x를 근사하기 위하여 정규분포를 사용할 수 있는지를 결정하라.
→ $np \geq 5, nq \geq 5?$
3. 분포의 평균 μ와 표준편차 σ를 구하라. → $\mu = np, \sigma = \sqrt{npq}.$
4. 연속성의 수정을 하고 정규곡선에 빗금을 긋는다.
→ 끝점에서 0.5를 더하거나 뺀다.

5. 대응하는 z 값을 구하라. $\rightarrow z = \dfrac{x-\mu}{\sigma}$

6. 확률을 구하라. $\rightarrow$ 표준정규표를 사용하라.

예 6.6.3

어느 지역에 거주하는 사람의 37%가 국경일에 국기를 단다고 한다. 임의로 15명을 추출하여 국경일에 국기를 달 것인가를 물어본다. '예'라고 대답하는 사람이 8명보다 적을 확률을 구하시오.

풀이 예제 1로부터 $\mu = 5.55$, $\sigma = 1.87$인 정규분포를 사용할 수 있다는 것을 안다. 연속성 수정을 하면 $x = 7.5$에 해당하므로 z값을 구하면

$$z = \frac{7.5-5.55}{1.87} \approx 1.04$$

이다. 따라서

$$\begin{aligned} P(X<8) &= P(X \leqq 7.5) \approx P(Z<1.04) \\ &= 0.8508 \end{aligned}$$

이다.

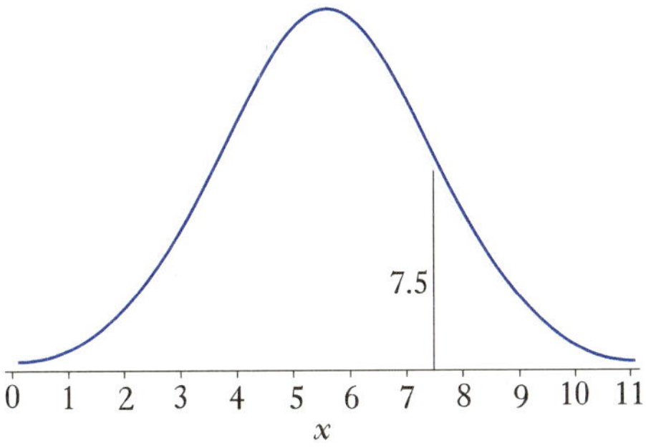

|그림 6.37|

≪문제 6.6.3≫ 어느 지역에 거주하는 사람의 오직 8%가 10년 전보다 자신이 사는 지역에 대하여 애정을 느낀다고 한다. 70명을 임의로 추출하여 10년 전보다 더 애정을 느끼는지를 물어본다. '예'라고 대답한 사람이 10명보다 많을 확률은 얼마인가?

예 6.6.4

미국인의 29%가 그들이 살아 있을 때 달 여행을 확신한다고 한다. 임의로 200명을 뽑아 그들의 생애에 달 여행을 할 수 있다고 생각하는지를 질문한다. 적어도 50명이 '예'라고 대답할 확률은 얼마인가?

풀이 $np = 200 \cdot 0.29 = 58$, $nq = 200 \cdot 0.71 = 142$이므로 이항변수 x는

$$\mu = np = 58, \quad \sigma = \sqrt{200 \cdot 0.29 \cdot 0.71} \approx 6.42$$

를 갖는 정규분포를 근사적으로 따른다.
연속성 수정을 사용하여 $P(X \geq 50)$을 $P(X \geq 49.5)$로 다시 쓸 수 있다.

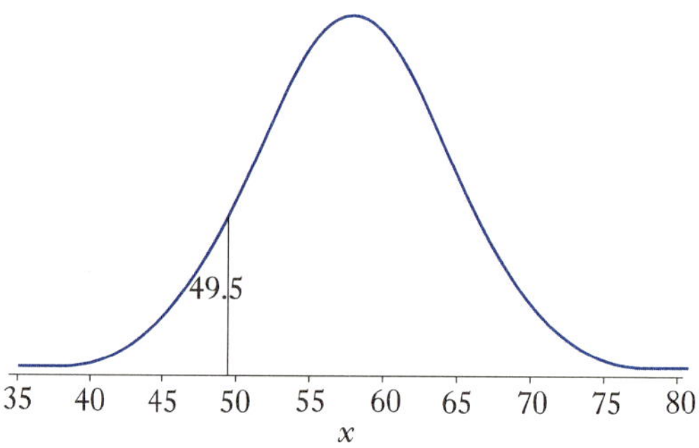

|그림 6.38|

49.5에 대응하는 z 값은

$$z = \frac{49.5 - 58}{6.42} \approx -1.32$$

이다. 따라서 구하는 확률은

$$\begin{aligned} P(X \geq 49.5) &= P(Z \geq -1.32) \\ &= 1 - P(Z < -1.32) = 1 - 0.0934 = 0.9066 \end{aligned}$$

이다. ■

≪문제 6.6.4≫ 기껏해야 65명의 사람들이 '예'라고 대답할 확률은 얼마인가?

예 6.6.5

어떤 조사에 의하면 인터넷 사용자의 39%가 3개 이상의 이메일 아이디를 사용한다고 한다. 임의로 200명의 인터넷 사용자를 뽑아 3개 이상의 이메일 아이디를 사용하는지를 묻는다. 정확히 82명이 '예'라고 대답할 확률은 얼마인가?

풀이 $np = 200 \cdot 0.39 = 78$, $nq = 200 \cdot 0.61 = 122$이므로 이항변수 x는

$$\mu = np = 78, \ \sigma = \sqrt{200 \cdot 0.39 \cdot 0.61} \approx 6.90$$

를 갖는 정규분포를 근사적으로 따른다.
연속성 수정을 사용하여 $P(X = 82)$를 $P(81.5 < X < 82.5)$로 다시 쓸 수 있다.

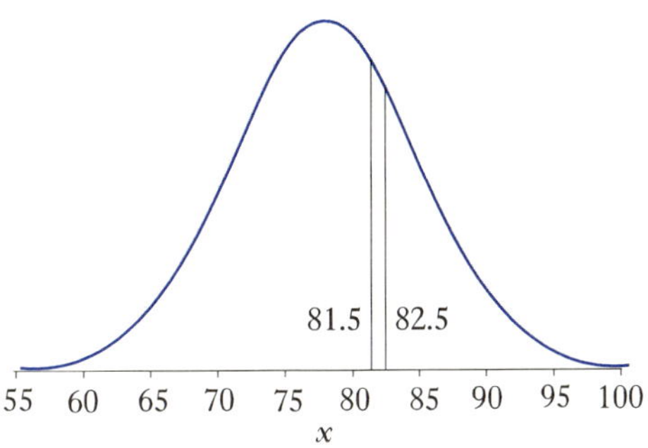

|그림 6.39|

81.5와 82.5에 대응하는 z 값은

$$z_1 = \frac{81.5 - 78}{6.90} \approx 0.51, \ z_2 = \frac{82.5 - 78}{6.90} \approx 0.65$$

이다. 따라서 구하는 확률은

$$\begin{aligned} P(81.5 < X < 82.5) &= P(0.51 < Z < 0.65) \\ &= P(Z < 0.65) - P(Z < 0.51) = 0.7422 - 0.6950 \\ &= 0.0472 \end{aligned}$$

이다. ■

≪문제 6.6.5≫ 정확히 79명이 '예'라고 대답할 확률은 얼마인가?

연습문제

1. 어떤 백열전구의 수명기간이 평균 670시간이고 표준편차가 65시간인 정규분포를 따른다고 한다. 이 전구들의 약 95%에 속하는 구간을 구하시오.

2. 문제 1에서 무작위로 선택된 전구가 605시간에서 735시간 사이에 지속될 확률을 추정하라.

3. 2500개로 된 저항 장치 묶음이 평균 1.5Ω, 표준편차 0.08Ω인 정규분포를 따른다고 할 때 4개의 저항 장치들을 무작위로 추출하여 실험하였다. 그것들의 저항력은 각각 1.32Ω, 1.54Ω, 1.66Ω 그리고 1.78Ω으로 측정되었다. 이 관측치의 평균으로부터 몇 표준편차 떨어져 있는가?

4. $P(Z < 1.28)$

5. $P(-2.15 < Z < 1.55)$

6. 바다거북은 겨울에 먼 거리를 헤엄쳐 남쪽의 대서양 부근을 가로질러 이동한다. 한 연구는 평균이동거리가 2200km이고, 표준편차는 625km라고 밝혔다. 이 거리가 정규분포를 따른다고 가정할 때 다음의 확률을 찾으시오.

   (a) 무작위로 선택된 바다거북의 이주거리가 1900km보다 적을 확률은?
   (b) 무작위로 선택된 바다거북의 이주거리가 2000km와 2500km 사이에 있을 확률은?
   (c) 무작위로 선택된 바다거북의 이주거리가 2450km보다 더 멀 확률은?

7. 건조한 표면에서 A 자동차의 제동거리가 평균 45.1m, 표준편차 0.5m인 정규분포로 근사시킬 수 있다.

   (1) $z = -2.4$와 $z = 1.2$에 해당되는 제동거리를 찾으시오.
   (2) 95백분위수에 해당되는 제동거리는 얼마인가?

8. 연습문제 6번을 참고하여라. 만약 12마리의 바다거북이 무작위로 선택된다고 할 때, 다음을 구하시오.

(a) 샘플의 평균 이주거리가 1900km 보다 적을 확률은?
(b) 샘플의 평균 이주거리가 2000km에서 2500km 사이일 확률은?
(c) 샘플의 평균 이주거리가 2450km 보다 더 멀 확률은?

연습문제 6번의 답과 비교해 보시오.

9. 어떤 전구의 평균 수명이 21,000시간이다. 이 모집단으로부터 크기 45의 확률표본을 추출하였다.

(a) 평균 수명이 20,000시간보다 적을 확률은?
(b) 평균 수명이 22,500시간보다 많을 확률은?

(단, $\sigma = 1500$ 시간이라고 하자)

10. 어느 도시에 거주하는 독신자들의 평균 수도요금이 한 달에 5,000원이고, 표준편차는 300원이다. 이 수도요금이 정규분포를 따른다고 할 때, 만약 이 도시에 거주하는 독신자 15명을 무작위로 추출한다면 평균요금이 5,250원 이상일 확률은 얼마인가?

11. 다음 상황에서 이항분포를 근사하기 위하여 정규분포를 이용할 수 있는지를 결정하시오. 만약 그렇다면, 평균과 표준편차를 구하고 그렇지 않다면, 그 이유를 설명하시오. 「최근 미국암협회는 새로운 신장암 환자의 5년간 생존율이 59%라고 예측했다. 올해에 새롭게 발병된 신장암 환자 12명을 무작위로 추출하였고, 그들의 5년간 생존율을 계산하시오.」

12. 다음 상황에서 이항분포를 근사하기 위하여 정규분포를 이용할 수 있는지를 결정하시오. 만약 그렇다면, 평균과 표준편차를 구하고 그렇지 않다면, 그 이유를 설명하시오. 「어느 한 조사는 일 년에 최소한 한 번의 휴가를 받은 여성의 46%가 일을 그만두었다고 밝혔다. 일 년에 최소한 한 번의 휴가를 받은 12명의 여성을 무작위로 추출하고 그들에게 일을 그만두었는지에 대하여 물어본다.」

* 다음 문제에서 이항분포를 근사하기 위하여 정규분포를 이용할 수 있는지를 결정하시오. 만약 그렇지 않다면 그 이유를 설명하고 다음의 확률을 찾아 이항분포를 사용하시오.

13. 12세에서 17세의 어린이들 65%가 적어도 한 가지 이상의 저축예금을 하고 있다. 45명의 어린이를 무작위로 추출하고 그들에게 최소한 한 가지 이상의 저축예금을 하고 있는지에 대하여 물어보시오. 그리고 기껏해야 20명의 어린이들이 '예'라고 대답할 확률을 구하시오.

14. 성인의 33%가 사립학교가 대학을 준비하는 학생에게 우수하거나 좋다는 등급을 매겼다. 무작위로 12명의 성인을 추출하고 그들에게 사립학교가 대학을 준비하는 학생에게 우수하거나 좋은가에 대하여 물어보시오. 5명 이상의 성인이 '예'라고 응답할 확률을 구하시오.

chapter

7 신뢰구간

이 장에서 우리들은 통계적 추론에 대해 배우게 된다. 예를 들면, 최근 농작물 조사에서 올해의 봄밀 생산량에 대해서 Wheat Quality Council(밀 품질 협회)는 표본 평균으로부터 평균 수확량이 에이커 당 32.54 부셸이 된다고 추정할 수 있다. 왜냐하면, 이 추정값은 수직선 위의 점에 의해서 설명되는 단 하나의 점으로 구성되기 때문에 점 추정값(point estimate)으로 부른다. 점 추정값을 사용하는 문제는 모집단의 정확한 모수(평균, 표준편차, 비율)와 일치하는 경우는 드물다는 점이다.

이 장에서, 우리들은 모수를 포함하는 구간을 얼마나 신뢰할 수 있는가에 대한 설명과 함께 수직선위의 값들에 대한 상세한 구간으로 더 의미 있는 추정값을 만드는 방법을 배우게 된다.

만약에, 밀 품질 협회가 봄밀의 평균 생산량을 90% 신뢰도로 추정하기를 원한다고 하자. 여기서, 구간 추정값(interval estimate)을 구하는 방법을 간단히 설명하면 아래와 같다.

① 확률 표본의 평균을 구하여라. $\overline{x} = 32.5$

② 한계오차를 구하여라. $E = 1.3$

③ 구간의 끝점을 구하여라.

좌측 : $32.5 - 1.3 = 31.2$

우측 : $32.5 + 1.3 = 33.8$

④ 구간 추정값을 구하여라.

$31.2 < \mu < 33.8$

따라서 밀 품질 협회는 봄밀의 평균 생산량이 에이커 당 31.2에서 33.8 부셸 사이에 있으리라고 90% 신뢰할 수 있다.

7.1 대표본일 때 모평균에 대한 신뢰구간

(1) 모수 추정

이 장에서 우리들은 미지 모수의 값을 추정하기 위해 표본 통계량을 사용하여 통계적 추론에 대한 중요한 기술을 배우게 된다. 이 절에서는 표본의 크기가 30 이상 또는 모집단이 정규분포를 하면서 표준편차 σ를 알 때 모수 μ에 대한 추정을 하기 위해 표본통계량을 사용하는 방법을 배우게 된다. 이 값에 대한 추론을 하기 위해서는 점 추정 값의 계산부터 시작한다.

[정의 7.1.1]

점 추정값(point estimate)은 모수에 대한 단 하나의 값을 추정하는 것이다. 모평균 μ에 대한 최량불편점추정값은 표본평균 $\bar{x}$이다.

예 *7.1.1*

시장조사자들은 잡지광고에 대한 읽기 수월성의 측도로서 광고당 문장의 수를 사용하고자 한다. 아래는 54개 광고에서 사용된 문장의 수에 대한 확률 표본이다. 모평균 μ에 대한 점추정값을 구하여라.

9	20	18	16	9	16	16	9	11	13	22	16	5	18	6	6	5	12
25	17	23	7	10	9	10	10	5	11	18	18	9	9	17	13	11	7
14	6	11	12	11	15	6	12	14	11	4	9	18	12	12	17	11	20

풀이 자료에 대한 표본 평균은

$$\begin{aligned}\bar{x} &= \frac{1}{n}\sum x \\ &= \frac{671}{54} \\ &\approx 12.4\end{aligned}$$

따라서 모든 잡지 광고의 평균길이에 대한 점 추정값은 12.4개의 문장이다. ■

≪문제 7.1.1≫ 다른 30개 잡지 광고에서 보여진 문장 수에 대한 확률표본은 다음과 같다. 이 표본을 사용하여 μ에 대한 다른 점 추정값을 구하여라.

16	9	14	11	17	12	99	18	13	12	5	9	17	6	11
17	18	20	6	14	7	11	12	12	5	11	18	6	4	13

① 표본 평균을 구하여라.
② 모집단의 문장의 길이에 대한 평균을 추정하여라.

[예 7.1.1]에서 모평균이 정확하게 12.4일 확률은 사실상 0이다. 따라서 모평균 μ가 점 추정을 사용하여 정확하게 12.4가 되는 대신에, 우리들은 μ가 포함되는 구간을 추정할 수 있다. 이를 구간 추정(interval estimate)이라고 부른다.

[정의 7.1.2]

구간 추정(interval estimate)은 모수를 추정하기 위하여 사용하는 값들의 구간 또는 범위이다.

[예 7.1.1]에서의 점 추정값이 실제의 모평균과 동일하지 않아도 점 추정값은 모평균에 거의 근접한다고 가정할 수 있다. 구간 추정을 하기 위하여 구간의 중심에 점 추정값을 놓고 오차의 한계를 더하거나 빼준다. 예를 들면, 오차의 한계가 2.1이라면, 구간 추정값

은 12.4 ± 2.1 또는 $10.3 < \mu < 14.5$로 된다. 점 추정값과 구간 추정값을 그림으로 나타내면 다음과 같다.

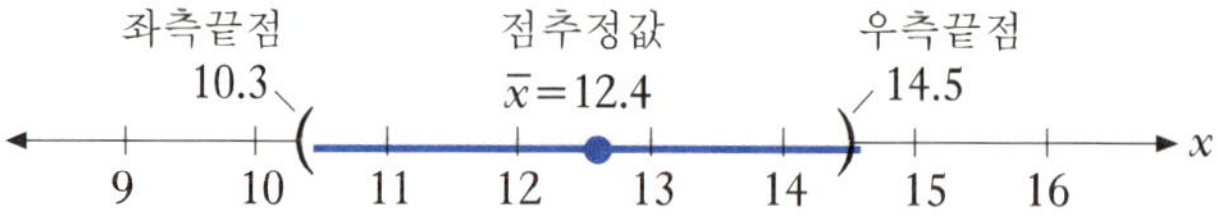

구간 추정을 하기 전에, 우리들은 모평균 μ를 포함하는 구간 추정을 얼마만한 신뢰도를 가지고서 구해야 하는지를 우선 결정해야 한다.

[정의 7.1.3]

신뢰 수준(level of confidence) $100(1-\alpha)\%$, $0 \leq \alpha \leq 1$는 구간 추정값이 모수를 포함할 확률이다.

$n \geqq 30$일 때, 표본평균의 표본분포는 정규분포를 한다고 중심극한정리로부터 알고 있다. 신뢰수준 $1-\alpha$는 표준정규곡선 아래에서 **임계값**(critical values) $-z_{\alpha/2}$와 $z_{\alpha/2}$ 사이의 면적이다. 우리들은 $1-\alpha$가 $-z_{\alpha/2}$와 $z_{\alpha/2}$ 사이의 정규곡선의 아래의 면적 비율이다는 사실을 [그림 7.1]을 보면 이해할 수 있다. 나머지 면적은 $1-\alpha$이므로 각 꼬리 부분의 면적은 $\frac{\alpha}{2}$이다. 예를 들면, $100(1-\alpha)\% = 90\%$이면 면적의 5%는 $-z_{\alpha/2} = -1.645$의 좌측에 위치하게 되고, 5%는 $z_{\alpha/2} = 1.645$의 우측에 위치하게 된다.

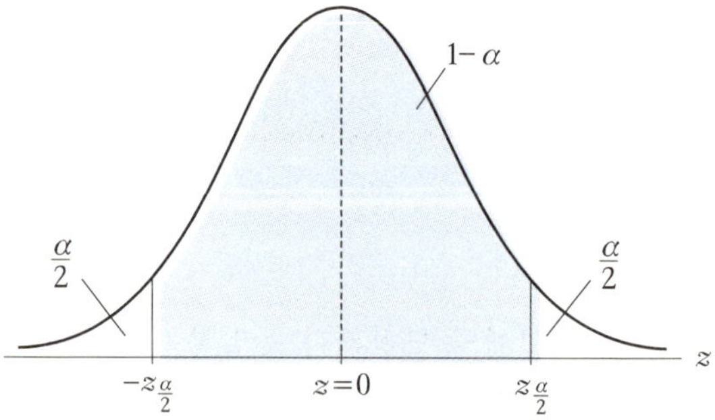

그림 7.1

점 추정값과 실제 모수값과의 차이를 추정 오차(error of estimate)라고 부른다. μ를 추정할 때, 추정값의 오차는 $|\overline{x}-\mu|$이다. 물론, 대부분의 경우에 μ는 모르지만 표본 평균 $\overline{x}$는 표본에 따라서 바뀐다. 그러나 우리들이 신뢰 수준과 표본 분포를 알고 있다면 오차에 대한 최대값을 계산할 수 있다.

[정의 7.1.4]

신뢰구간이 주어졌을 때, **최대추정오차**(maximum error of estimate; 또는 **오차의 한계**(margin of error) 또는 **허용오차**(error tolerance) E는 점 추정값과 모수값 사이의 가장 커다란 차이로서 아래와 같이 추정한다.

$$E = z_{\alpha/2}\,\sigma_{\overline{x}} = z_{\alpha/2}\frac{\sigma}{\sqrt{n}}$$

$n \geq 30$일 때, 표본 표준편차 s는 σ 대신에 사용할 수 있다.

예 7.1.2 추정오차의 최대값 찾기

[예 7.1.1]의 자료를 이용하여 95% 신뢰수준으로 모든 잡지 광고에서 평균 문장의 수에 대한 추정오차의 최대값을 구하여라.

풀이 95% 신뢰수준에 대응하는 z-값은 1.96이다. 이것은 평균에 대한 1.96 표준편차 내의 표준정규곡선하의 면적이 95%임을 의미한다 (우리들은 $n=54 \geq 30$이므로 중심극한 정리에 의해서 표본평균에 대한 분포가 정규곡선에 근사함을 알 수 있다). 우리들은 모표준편차 σ를 모르지만, $n \geq 30$이므로 σ 대신에 s를 사용할 수 있다.

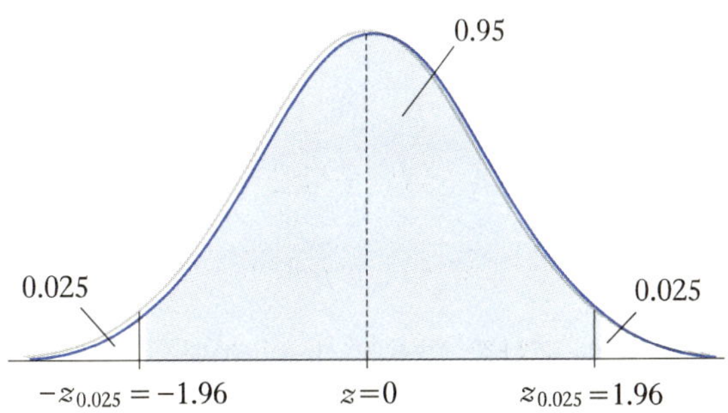

|그림 7.2|

$$s = \sqrt{\frac{\sum(x-\overline{x})^2}{n-1}} \approx \sqrt{\frac{1333.2}{53}} \approx 5.0$$

$z_c = 1.96$, $\sigma \approx s \approx 5.0$와 $n = 54$를 사용하면

$$E = z_{0.025}\frac{\sigma}{\sqrt{n}}$$
$$\approx 1.96 \cdot \frac{5.0}{\sqrt{54}} \approx 1.3$$

따라서 95% 신뢰수준으로 모평균에 대한 추정오차의 최대값은 약 1.3 문장이 된다. ■

≪문제 7.1.2≫ [문제 7.1.1]에 주어진 자료를 사용하고, 90% 신뢰수준으로 잡지광고의 평균 문장의 수에 대한 추정오차의 최대값을 구하여라.

① $z_{\alpha/2}$, n, s를 확인하여라.
② $z_{\alpha/2}$, $\sigma \approx s$, n를 사용하여 E를 구하여라.
③ 추정 오차의 최대값을 설명하여라.

(2) 모평균에 대한 신뢰구간

점 추정값과 최대 추정오차를 사용하여 우리들은 모수 μ에 대한 구간 추정값을 구할 수 있다. 이런 구간 추정값을 구간 추정이라고 부른다.

[정의 7.1.5]

모평균 μ에 대한 $100(1-\alpha)\%$-구간 추정은

$$\overline{x} - E < \mu < \overline{x} + E$$

신뢰구간이 모평균 μ를 포함할 확률은 $1-\alpha$이다.

(3) 지침

모평균에 대한 신뢰구간을 찾아라.($n \geq 30$ 또는 정규모집단 분포에서 σ를 알고 있는 경우)

말	기 호
1. 표본통계량 n과 $\bar{x}$을 구하여라.	$\bar{x} = \sum \frac{x}{n}$
2. 만약 σ를 알고 있다면 그대로 사용하고, σ를 모른다면 $n \geq 30$인 경우에는 σ에 대한 추정값으로 표본 표준편차 s를 구해 사용하여라.	$s = \sqrt{\frac{\sum(x-\bar{x})^2}{n-1}}$
3. 주어진 신뢰수준 $100(1-\alpha)\%$에 대응하는 임계값 $z_{\alpha/2}$를 구하여라.	표준정규분포표를 사용하라.
4. 최대 추정오차 E를 구하여라.	$E = z_{\alpha/2}\frac{\sigma}{\sqrt{n}}$
5. 각 끝점을 구하여 신뢰구간을 구하여라.	좌측 끝점 : $\bar{x} - E$ 우측 끝점 : $\bar{x} + E$ 구간 : $\bar{x} - E < \mu < \bar{x} + E$

예 7.1.3 신뢰구간 만들기

모든 잡지 광고에서 평균 문장의 수에 대한 95% 신뢰구간을 만들어라.

풀이 [예 7.1.1]과 [예 7.1.2]에서, 우리들은 $\bar{x} = 12.4$와 $E = 1.3$을 구하였다. 신뢰구간은 아래와 같다.

좌측 끝점　　　　　　　　우측 끝점

$$\bar{x} - E = 12.4 - 1.3 = 11.1 \qquad \bar{x} + E = 12.4 + 1.3 = 13.7$$

$$11.1 < \mu < 13.7$$

따라서 95% 신뢰수준 하에서 모집단의 평균 문장 수는 11.1과 13.7 사이에 있다고 말할 수 있다. ■

≪문제 7.1.3≫ [문제 7.1.1]의 자료를 사용하여 모든 잡지 광고의 평균 문장 수에 대한 95% 신뢰구간을 구하여라. [예 7.1.3]에서 얻은 신뢰구간과 결과를 비교하여라.

① $\overline{x}$와 E를 구하여라.
② 신뢰구간에 대한 좌측 끝점과 우측 끝점을 구하여라.
③ 모든 잡지 광고에서 평균 문장 수에 대한 95% 신뢰구간을 설명하고 [예 7.1.3]의 결과와 비교하여라.

신뢰구간을 만든 후에 결과를 옳게 해석하는 것이 중요하다. [예 7.1.3]에서 구한 95%의 신뢰구간을 생각하자. μ는 이미 존재하기 때문에 이 값은 신뢰구간 안에 또는 밖에 존재한다. "실제 평균이 구긴 (11.1, 13.7)내에 있을 확률이 95%이다."라고 말하는 것은 옳지 않다. 신뢰구간의 해석에 대해서 옳게 말하는 방법은 "신뢰구간 안에 μ를 포함할 확률이 95%다." 물론, 이것은 신뢰구간내에 μ를 포함하지 않을 확률이 5%라는 의미이기도 하다.

(4) 표본 크기

동일한 표본 통계량에 대해서, 신뢰수준을 증가하면 신뢰구간은 넓어진다. 신뢰구간이 넓어지면 추정값의 정도는 감소한다. 신뢰수준의 감소 없이 추정값의 정도를 높이는 한 가지는 표본크기를 증가시키는 방법이다. 그러나 주어진 최대허용오차에서 어떤 신뢰수준을 유지하기 위하여 필요한 표본의 크기는 얼마인가?

(5) μ를 추정하기 위한 최소 표본크기를 구하기

$100(1-\alpha)\%$ 신뢰수준과 최대허용오차 E가 주어졌을 때, μ를 추정하기 위해 필요한 최소 표본크기는 아래와 같다.

$$n = \left(\frac{z_{\alpha/2}\,\sigma}{E} \right)^2$$

만일 σ를 모른다면, 사전 표본크기가 적어도 30이상이라면 σ대신에 s를 사용하여 표본 크기를 추정할 수 있다.

예 7.1.4 최소 표본크기 결정

우리들은 잡지 광고에서 평균 문장 수를 추정하기를 원한다. 만약에 95% 신뢰도로 표본 평균이 모평균의 한 문장 내에 있기를 원한다면 얼마만큼의 잡지 광고가 표본에 포함되어야 하는가?

풀이 [예 7.1.2]에서 구한 $1-\alpha=0.95$, $z_{\alpha/2}=z_{0.025}=1.96$, $\sigma\approx s\approx 5.0$와 $E=1$을 사용하여 우리들은 최소 표본크기 n을 구할 수 있다.

$$\begin{aligned} n &= \left(\frac{z_{\alpha/2}\,\sigma}{E}\right)^2 \\ &\approx \left(\frac{1.96 \cdot 5.0}{1}\right)^2 \\ &= 96.04 \end{aligned}$$

필요로 하는 표본의 크기는 얻은 값의 보다 큰 정수로 해야 한다. 따라서 우리들은 표본에 적어도 97개의 잡지 광고를 포함해야 한다(우리들은 이미 54개를 가지고 있으므로 43개를 더 필요로 한다). 97개는 표본으로서 포함될 잡지 광고의 최소 숫자라는데 주의를 해야 한다. 원한다면, 우리들은 더 많은 표본을 포함시킬 수 있다. ■

≪문제 7.1.4≫ 만약에 95% 신뢰도에서 표본 평균이 모평균의 두 문장 내에 있기를 원한다면 얼마만큼의 잡지 광고가 표본에 포함되어야 하는가?
우리들의 결과를 [예 7.1.4]와 비교하라.

① $z_{\alpha/2}$, E와 s를 구하여라.

② 최소표본크기 n을 얻기 위하여 $z_{\alpha/2}$, E와 $\sigma\approx s$를 사용하라.

③ 얼마나 많은 잡지 광고가 표본에 포함되어야 하는지를 설명하고 [예 7.1.4]의 결과와 비교를 하여라.

7.2 소표본일 때 모평균에 대한 신뢰구간

이 절에서는 t-분포에 대한 해석 방법과 t-분포표의 사용법 그리고 모집단이 정규 분포를 할 때 σ를 모르는 경우 $n < 30$일 때 신뢰구간을 만드는 방법에 대해 설명을 한다.

(1) t-분포

많은 실생활에서는 모표준편차를 모른다. 그러나 시간과 비용과 같은 다양한 제약조건 때문에 표본 크기를 30 이상으로 얻는 것이 현실적이지 않다. 따라서 우리들은 이런 상황이 주어졌을 때 모평균에 대한 신뢰구간을 어떻게 구할 수 있는가? 만약에 확률 변수가 정규분포에 따른다면(또는 근사적으로 정규분포에 따른다면) $\overline{x}$에 대한 표본 분포는 t-분포이다.

[정의 7.2.1]

만약에 확률 변수의 분포가 근사적으로 정규분포에 따른다면, $\overline{x}$에 대한 표본 분포는 t-**분포**이다. 여기서

$$t = \frac{\overline{x} - \mu}{\dfrac{s}{\sqrt{n}}} \sim t(n-1)$$

t에 대한 임계값은 t_{α}로 나타낸다.

t-분포에 대한 몇 가지 성질은 아래와 같고 t-분포와 표준정규분포를 비교하면 [그림 7.2.1]과 같다.

① t-분포는 종 모양으로 평균에 대해서 대칭이다.

② t-분포는 자유도라 부르는 모수에 따라 곡선이 결정된다. 자유도(degree of freedom)는 계산된 $\overline{x}$와 같은 표본 통계량의 숫자를 뺀 숫자이다. 모평균을 추정하기 위해서 t-분포를 사용할 때, 자유도는 표본크기보다 1이 작은 값이다.

$$d.f. = n-1 \quad \text{자유도}$$

③ t-곡선 아래의 총면적은 1 또는 100%다.

④ t-분포의 평균, 중앙값, 최빈값은 모두 0이다.

⑤ 자유도가 증가하면, t-분포는 정규분포에 가까워진다. t-분포에서 자유도 30 이상은 표준화된 정규 z-분포에 매우 근사한다.

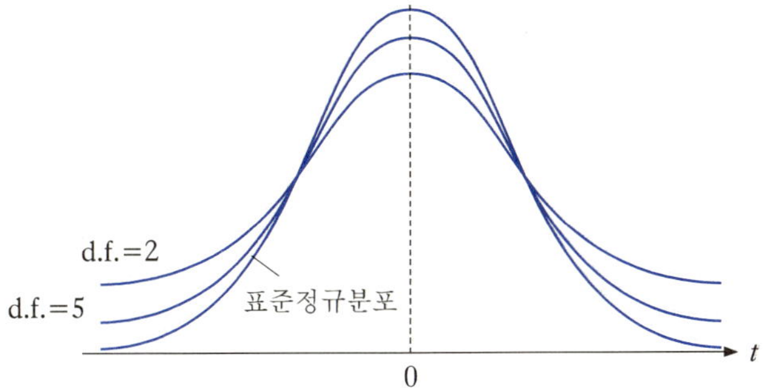

|그림 7.3| t-분포와 표준정규분포의 비교

부록 표 5는 자유도와 선택된 신뢰구간에 대한 t의 임계값이다.

예 7.2.1 t의 임계값을 찾기

표본의 크기가 15일 때 95% 신뢰도에 대한 임계값 t_α를 구하여라.

풀이 $n = 15$이므로 자유도는 $d.f. = n-1 = 15-1 = 14$이다.

표 5의 일부분을 [표 7.2.1]에 나타냈다. $d.f. = 14$와 $1-\alpha = 0.95$를 사용하여 표의 부분에서 보여진 임계값 t_α를 구할 수 있다. ■

|표 7.2.1| t 확률분포표

d.f.	신뢰 수준 $1-\alpha$	0.50	0.80	0.90	0.95	0.98
	한쪽 꼬리 α	0.25	0.10	0.05	0.025	0.01
	양쪽 꼬리 α	0.50	0.20	0.10	0.05	0.02
1		1.000	3.078	6.314	12.706	31.821
2		.816	1.886	2.920	4.303	6.965
3		.765	1.638	2.353	3.182	4.541
4		.741	1.533	2.132	2.776	3.747
5		.727	1.476	2.015	2.571	3.365
⋮		⋮	⋮	⋮	⋮	⋮
11		.697	1.363	1.796	2.201	2.718
12		.695	1.356	1.782	2.179	2.681
13		.694	1.350	1.771	2.160	2.650
14		.692	1.345	1.761	2.145	2.624
15		.691	1.341	1.753	2.131	2.602
16		.690	1.337	1.746	2.120	2.583

표로부터 우리들은 $t_{0.025}=2.145$를 찾을 수 있다. 아래의 그래프는 자유도 14, $1-\alpha=0.95$ 그리고 $t_{0.025}=2.145$일 때 t-분포를 나타낸다.

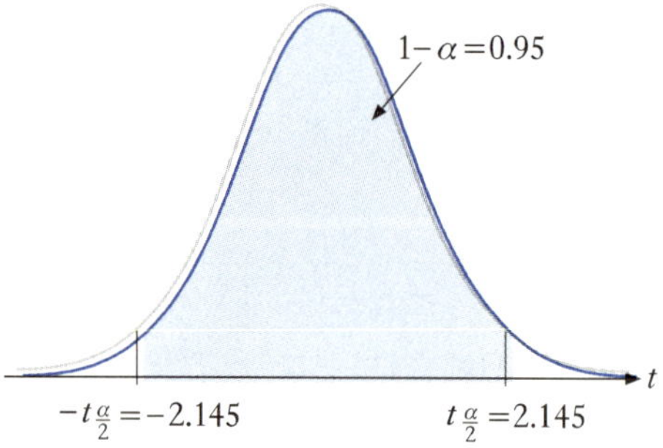

|그림 7.4| 자유도 14인 t분포

따라서 자유도 14를 가진 t-분포 곡선 아래 면적의 95%는 $t=\pm 2.145$ 사이에 놓인다.

≪문제 7.2.1≫ 표본의 크기가 22일 때 90% 신뢰도에 대한 임계값 $t_{\alpha/2}$를 구하여라.

① 자유도를 구하여라.
② 신뢰수준 c를 구하여라.
③ 부록 B의 표 5에서 $t_{\alpha/2}$를 구하여라.

(2) 신뢰구간과 t-분포

t-분포를 사용한 신뢰구간 만들기는 정규 분포를 사용한 신뢰구간 만들기와 유사하다. 즉, 두 방법 모두 점 추정값 $\overline{x}$와 최대 추정오차 E를 사용한다.

(3) 지침

말	기 호
1. 표본통계량 n, $\overline{x}$와 s를 구하여라.	$\overline{x} = \sum \frac{x}{n}$, $s = \sqrt{\frac{\sum(x-\overline{x})^2}{n-1}}$
2. 자유도, 신뢰수준 $1-\alpha$ 그리고 임계값 $t_{\alpha/2}$를 구하여라.	$d.f. = n-1$
3. 최대 추정오차 E를 구하여라.	$E = t_{\alpha/2} \frac{s}{\sqrt{n}}$
4. 각 끝점을 찾고 신뢰구간을 구하여라.	좌측 끝점 : $\overline{x}-E$ 우측 끝점 : $\overline{x}+E$ 구간 : $\overline{x}-E < \mu < \overline{x}+E$

신뢰구간을 구할 때 정규분포와 t-분포를 사용하기 위한 순서도는 [그림 7.5]와 같다.

$n \geq 30$인가?

Yes ➡ $E = z_{\alpha/2}\dfrac{\sigma}{\sqrt{n}}$를 가지고 정규분포를 사용하라. 만일, σ를 모른다면 대신 s를 사용하라.

⬇ **No**

모집단이 정규분포 또는 근사적으로 정규분포를 하는가?

No ➡ 정규분포 또는 t-분포를 사용할 수 없다.

⬇ **Yes**

σ를 아는가?

Yes ➡ $E = z_{\alpha/2}\dfrac{\sigma}{\sqrt{n}}$를 가지고 정규분포를 사용하라.

⬇ **No**

$E = t_{\alpha/2}\dfrac{s}{\sqrt{n}}$를 가지고 자유도 $n-1$인 t-분포를 사용하라.

|그림 7.5| 분포 선택을 위한 순서도

예 7.2.2 정규분포와 t-분포의 선택

새롭게 지어진 집 25채를 임의로 선택하였다. 집을 건축하는데 표본평균비용은 일억팔천백만원이고 모표준편차는 이천팔백만원이다. 건축비용이 정규분포를 한다고 가정하면, 건축비용의 모평균에 대한 95% 신뢰구간을 구하기 위하여 정규분포 또는 t 분포중 어떤 분포를 사용하는가? 이유를 설명하여라.

풀이 모집단이 정규분포를 하고 모표준편차를 알고 있으므로 우리들은 정규분포를 사용한다. ■

≪문제 7.2.2≫ 운동선수 18명을 임의로 선택해서 휴식기의 심장 박동수를 측정하였다. 심장 박동수의 표본 평균은 분당 64회이고 표본표준편차는 2.5회이다. 심

장 박동이 정규분포를 한다고 가정하면, 평균 심장 박동수에 대한 90% 신뢰구간을 구하기 위하여 정규분포 또는 t-분포 중에 어떤 분포를 사용하는가? 그 이유를 설명하여라.

① 심장 박동수에 대한 90% 신뢰구간을 구하기 위하여 어떤 분포를 사용해야 하는가를 결정하기 위하여 순서도를 사용하라.

7.3 모비율에 대한 신뢰구간

이 절에서는 모비율에 대한 점 추정값을 구하는 방법, 모비율의 신뢰구간을 구하는 방법, 모비율을 추정할 때 요구되는 최소 표본크기의 결정하는 방법에 대해서 설명한다.

(1) 모비율에 대한 점 추정

이항실험의 단일실행에서 성공할 확률을 p라고 하자. 이 확률이 모집단의 비율(모비율)이다. 이 항에서 우리들은 신뢰구간을 사용하기 위해 모비율 p를 추정하는 방법을 배운다. μ에 대한 신뢰구간처럼 점 추정으로부터 출발하자.

[정의 7.3.1]

모집단의 성공 확률 즉 모비율 p에 대한 점 추정값은 표본에서 성공의 확률로 아래와 같이 주어진다.

$$\hat{p} = \frac{x}{n}$$

여기서, x는 표본에서 성공하는 회수이고, n은 표본 수이다.
표본에서 실패하는 비율에 대한 점 추정값은 $\hat{q} = 1 - \hat{p}$이다. $\hat{p}$와 $\hat{q}$는 "p hat"와 "q hat"로 읽는다.

예 7.3.1 p에 대한 점 추정값 찾기

시민 1024명에 대한 조사에서 시청하기 가장 좋아하는 스포츠는 축구라고 287명이 응답했다. 시청하기 가장 좋아하는 스포츠가 축구라고 응답하는 모집단의 비율에 대한 점 추정값을 구하여라.

풀이 $n = 1024$명과 $x = 287$명을 사용하여

$$\begin{aligned} \hat{p} &= \frac{x}{n} \\ &= \frac{287}{1024} \\ &\approx 0.28 \\ &= 28\% \end{aligned}$$

≪문제 7.3.1≫ 시민 1470명에 대한 조사에서 기억에 남는 미국 대통령이 링컨이라고 응답한 사람이 221명이다. 기억에 남는 대통령으로 링컨이라고 응답하는 모집단의 비율에 대한 점 추정값을 구하여라.

① x와 n을 구하여라.
② x와 n을 사용하여 $\hat{p}$를 구하여라.

(2) 모비율에 대한 신뢰구간

모비율 p에 대한 $c-$신뢰구간은

$$\hat{p} - E < p < \hat{p} + E$$

$$\text{여기서 } E = z_{\alpha/2}\sqrt{\frac{\hat{p}\hat{q}}{n}}$$

신뢰구간이 모수 p를 포함할 확률은 $1-\alpha$이다.

이항분포가 $np \geq 5$와 $nq \geq 5$이면 정규분포에 근사한다. $n\hat{p} \geq 5$와 $n\hat{q} \geq 5$이면 $\hat{p}$에 대한 표본분포는 평균 $\mu_{\hat{p}} = p$이고 표준편차 $\sigma_{\hat{p}} = \sqrt{\frac{pq}{n}}$인 정규분포에 근사한다.

(3) 지침

말	기 호
1. 표본통계량 n과 x을 구하여라.	
2. 점 추정값 $\hat{p}$를 구하여라.	$\hat{p}=\frac{x}{n}$
3. $\hat{p}$에 대한 표본분포가 정규분포에 근사함을 보여라.	$n\hat{p}\geqq 5,\ n\hat{q}\geqq 5$
4. 주어진 신뢰수준 $1-\alpha$에 대응하는 임계값 $z_{\alpha/2}$를 구하여라.	표준 정규분포표를 사용하라.
5. 최대 추정오차 E를 구하여라.	$E=z_{\alpha/2}\sqrt{\frac{\hat{p}\hat{q}}{n}}$
6. 각 끝점을 찾고 신뢰구간을 구하여라.	좌측 끝점 : $\hat{p}-E$ 우측 끝점 : $\hat{p}+E$ 구간: $\hat{p}-E<\mu<\hat{p}+E$

예 7.3.2 p에 대한 신뢰구간 설정

시청하기 가장 좋아하는 스포츠는 축구라고 말하는 미국 시민들의 비율에 대한 95% 신뢰구간을 구하여라.

풀이 [예 7.3.1]로부터 $\hat{p}\approx 0.28$이다. 따라서 $\hat{q}=1-0.28=0.72$

$n=1024$를 사용하면, $n\hat{p}\approx 1024\cdot 0.28\approx 287>5$,

$n\hat{q}\approx 1024\cdot 0.72\approx 737>5$이 되므로 $\hat{p}$의 표본분포가 정규분포에 근사함을 입증할 수 있다.

$z_{0.025}=1.96$을 사용하면 최대 추정오차는

$$E=z_{\alpha/2}\sqrt{\frac{\hat{p}\hat{q}}{n}}\approx 1.96\sqrt{\frac{0.28\cdot 0.72}{1024}}\approx 0.028$$

이 된다.

95% 신뢰구간은 다음과 같다.

좌측 끝점	우측 끝점
$\hat{p} - E = 0.28 - 0.028 = 0.252$	$\hat{p} + E = 0.28 + 0.028 = 0.308$

$$0.252 < p < 0.308$$

따라서 95% 신뢰도에서 시청하기 가장 좋아하는 스포츠는 축구라고 말하는 미국 시민들의 비율은 25.2%에서 30.8% 사이라고 말할 수 있다. ■

≪문제 7.3.2≫ 기억에 남는 대통령이 링컨이라고 말하는 미국 시민들의 비율에 대한 90% 신뢰구간을 구하여라.

① $\hat{p}$와 $\hat{q}$를 구하여라.

② $\hat{p}$의 표본분포가 정규분포에 근사함을 입증하여라.

③ $z_{\alpha/2}$와 E를 구하여라.

④ $\hat{p}$과 E를 사용하여 좌측끝점과 우측끝점을 구하여라.

⑤ 미국 다른 대통령보다 링컨 대통령이 기억에 남는다고 대답한 미국 시민들의 비율에 대한 90% 신뢰구간을 구하여라.

[예 7.3.2]에서 사용된 95%의 신뢰수준은 여론 조사의 전형적이다. 그러나 결과는 일반적으로 신뢰구간만으로 설명하지는 않는다. 대신, [예 7.3.2]의 결과는 $\pm 2.8\%$ 오차 한계 내에서 28% 지지율로서 설명한다.

(4) 정도를 증가시키기 위한 표본크기의 증가

신뢰수준의 감소 없이 신뢰구간에 대한 정도를 증가시키는 한 가지 방법은 표본크기를 증가시키는 방법이다.

(5) p를 추정하기 위해서 최소 표본크기의 계산

p를 추정하기 위해서 필요한 최소 표본크기는

$$n = \hat{p}\hat{q}\left(\frac{z_{\alpha/2}}{E}\right)^2$$

이 공식은 $\hat{p}$와 $\hat{q}$에 대한 사전 추정값을 가지고 있다고 가정한다. 만약 그렇지 않다면, $\hat{p}=0.5$와 $\hat{q}=0.5$를 사용하여라.

사전 추정값이 없다면 $\hat{p}$와 $\hat{q}$에 대한 추정값으로서 0.5를 사용하는 이유는 곱 $\hat{p}\hat{q}=\hat{p}(1-\hat{p})$이 최대값을 만드는 값이기 때문이다. 다시 말하면, $\hat{p}$와 $\hat{q}$의 값을 추정하지 못하면 우리들은 더 큰 표본을 사용하는 불이익을 받게 된다.

예 7.3.3 최소 표본크기 결정

우리들은 선거 운동기간에 지지자들에게 투표한다는 우편 투표자들의 비율을 95% 신뢰도로 추정하여라. 모집단 비율의 3% 이내의 정확도를 가지기 위해서 필요한 최소 표본 크기는 얼마인가?

풀이 $\hat{p}$에 대한 사전 추정값이 없으므로 $\hat{p}=0.5$와 $\hat{q}=0.5$를 사용하여라.
$z_c=1.96$과 $E=0.03$을 사용해서 n에 대해서 풀면 된다.

$$\begin{aligned} n &= \hat{p}\hat{q}\left(\frac{z_{\alpha/2}}{E}\right)^2 \\ &= (0.5)(0.5)\left(\frac{1.96}{0.03}\right)^2 \\ &\approx 1067.11 \end{aligned}$$

n의 값이 소수점을 가지므로 보다 더 큰 정수를 택한다. 따라서 적어도 1068명의 우편 투표자가 표본에 포함되어야 한다. ■

≪문제 7.3.3≫ 우리들은 18세에서 29세 사이의 성인 중에 고혈압을 가진 사람의 비율을 90% 신뢰도로 추정하여라. 전 보사에서 이 연령 그룹의 4%가 고혈압이라고 한다. 모비율에 대한 2% 이내의 정확도를 가지기 위해서 필요한 최소 표본 크기는 얼마인가?

① $\hat{p}$와 $\hat{q}$을 확인하여라. 만일 $\hat{p}$를 모른다면 0.5를 사용하라.

② $z_{\alpha/2}$와 E를 구하여라.

③ $\hat{p}$, $\hat{q}$, $z_{\alpha/2}$와 E를 사용하여 최소 표본크기 n을 구하여라.

④ 얼마나 많은 성인들이 표본에 포함되어야 하는가?

7.4 모분산과 모표준편차에 대한 신뢰구간

이 절에서는 카이제곱 분포의 이해와 카이제곱 분포표를 사용하는 방법, 분산과 표준편차의 신뢰구간을 구하기 위하여 카이제곱을 사용하는 방법을 배운다.

(1) 카이제곱 분포

제조업에서 변화하는 공정의 양을 통제하는 것이 필요하다. 예를 들면, 자동차 부품 제조업자들은 제조과정에서 사용되는 많은 부품을 생산한다. 부품들이 약간 변하거나 전혀 변하지 않아야 한다. 우리들은 부품들의 변동되는 양을 어떻게 측정할 것인가?

[정의 7.4.1]

σ^2에 대한 점 추정값은 s^2이고, σ에 대한 점 추정값은 s이다. s^2은 σ^2의 최량불편 추정값이다.

우리들은 분산과 표준편차에 대한 신뢰구간을 구하기 위하여 카이제곱분포를 사용한다.

[정의 7.4.2]

만일 확률변수 x가 정규분포를 하면, $\chi^2 = \dfrac{(n-1)s^2}{\sigma^2}$에 대한 분포는 임의의 표본크기 $n > 1$인 **카이제곱분포**를 한다.

카이제곱분포의 몇 가지 성질은 다음과 같고, 다른 자유도를 가진 카이제곱분포를 그려보면 [그림 7.6]과 같다.

① 모든 카이제곱 값은 0 이상이다.

② 카이제곱분포는 자유도에 따라 각각 결정되는 곡선을 가진다. σ^2에 대한 신뢰구간을 만들기 위해서는 표본크기 보다 1이 적은 자유도 즉, $n-1$인 카이제곱분포를 사용한다.

③ 카이제곱분포의 각 곡선하의 면적은 1이다.

④ 카이제곱분포는 양의 비대칭도(positive skewed)를 가진다.

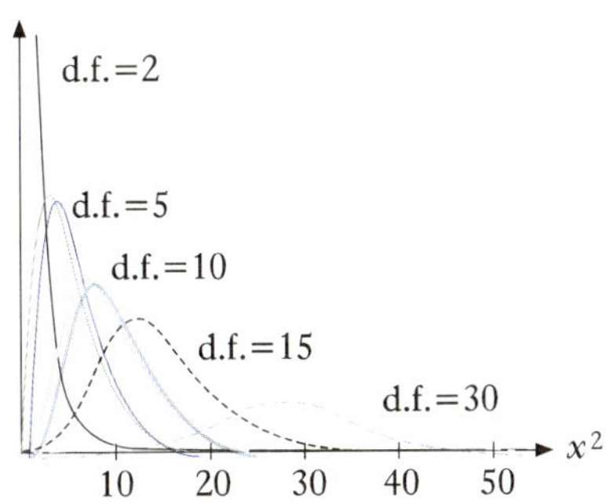

|그림 7.6| 카이제곱분포

각 신뢰수준에 대한 두 개의 임계값을 가진다. χ_R^2은 우측꼬리 임계값이고, χ_L^2은 좌측꼬리 임계값을 나타낸다. 부록의 표 6은 다양한 자유도에 대한 임계값과 면적의 목록이다. 표에서 각 면적은 임계값 오른쪽에서 카이제곱곡선하의 면적을 나타낸다.

예 7.4.1 χ^2의 임계값을 찾기

표본의 크기가 20일 때, 90% 신뢰구간에 대한 임계값 χ_R^2, χ_L^2를 찾으시오.

풀이 표본의 크기가 20이므로 자유도는 $d.f. = n-1 = 20-1 = 19$이다.
χ_R^2, χ_L^2의 우측 면적은

$$\chi_R^2\text{의 우측 면적} = \frac{\alpha}{2} = \frac{1-0.90}{2} = 0.05$$

$$\chi_L^2\text{의 우측 면적} = 1-\frac{\alpha}{2} = \frac{1+0.90}{2} = 0.95$$

이다.

표 6의 일부분을 [표 7.4.1]로 나타냈다. 자유도 19와 면적 0.95와 0.05를 사용하여 우리들은 아래의 표에서 ☐로 표시된 부분의 임계값을 찾을 수 있다. ■

|표 7.4.1| 카이제곱분포표의 일부

d.f.	$1-\alpha$						
	0.995	0.99	0.975	0.95	0.90	0.10	0.05
1	−	−	0.001	0.004	0.016	2.706	3.841
2	0.010	0.020	0.051	0.103	0.211	4.605	5.991
3	0.072	0.115	0.216	0.352	0.584	6.251	7.815
⋮	⋮	⋮	⋮	⋮	⋮	⋮	⋮
15	4.601	5.229	6.262	7.261	8.547	22.307	24.996
16	5.142	5.812	6.908	7.962	9.312	23.542	26.296
17	5.697	6.408	7.564	8.672	10.085	24.769	27.587
18	6.265	7.015	8.231	9.390	10.865	25.989	28.869
19	6.864	7.633	8.907	10.117	11.651	27.204	30.144
20	7.434	8.260	9.591	10.851	12.443	28.412	31.410

표에서 $\chi_R^2 = 30.144$과 $\chi_L^2 = 10.117$을 찾을 수 있으므로 곡선하의 면적 중 90%는 10.117과 30.144 사이에 놓인다.

≪문제 7.4.1≫ 표본의 크기가 25일 때, 95% 신뢰 구간에 대한 임계값 χ_R^2, χ_L^2를 찾으시오.

① 자유도와 신뢰수준을 확인하시오.

② χ_R^2과 χ_L^2의 우측 면적을 찾으시오.

③ χ_R^2과 χ_L^2의 우측 면적을 찾기 위해서 부록 B의 표 6을 사용하시오.

(2) σ^2과 σ에 대한 신뢰구간

우리들은 모분산과 모표준편차에 대한 신뢰구간을 세우기 위해서 임계값 χ_R^2과 χ_L^2을 사용할 수 있다. 우리들이 기대하는 것처럼 분산과 표준편차에 대한 최량 점 추정값은 s^2과 s이다.

[정의 7.4.3]

모분산과 모표준편차에 대한 $100(1-\alpha)\%$ 신뢰구간은 아래와 같다.

① σ^2에 대한 신뢰구간

$$\frac{(n-1)s^2}{\chi_R^2} < \sigma^2 < \frac{(n-1)s^2}{\chi_L^2}$$

② σ에 대한 신뢰구간

$$\sqrt{\frac{(n-1)s^2}{\chi_R^2}} < \sigma < \sqrt{\frac{(n-1)s^2}{\chi_L^2}}$$

신뢰구간이 σ^2과 σ를 포함할 확률은 c이다.

(3) 지침

말	기 호
1. 모집단이 정규분포를 한다는 것을 증명하라.	
2. 표본 통계량 n과 자유도를 구하여라.	$d.f. = n-1$
3. 점 추정값 s^2을 구하여라.	$s^2 = \dfrac{\sum(x-\overline{x})^2}{n-1}$
4. 주어진 신뢰수준 c에 대한 임계값 χ_R^2과 χ_L^2을 구하여라.	부록의 표 6을 사용하라.
5. 모분산에 대한 신뢰구간의 좌측과 우측의 끝점을 구하여라.	좌측 끝점 우측 끝점 $\dfrac{(n-1)s^2}{\chi_R^2} < \sigma^2 < \dfrac{(n-1)s^2}{\chi_L^2}$
6. 각 끝점에 대한 제곱근을 구하여 모표준편차의 신뢰구간을 구하여라.	좌측 끝점 우측 끝점 $\sqrt{\dfrac{(n-1)s^2}{\chi_R^2}} < \sigma < \sqrt{\dfrac{(n-1)s^2}{\chi_L^2}}$

예 7.4.2 신뢰구간 구하기

우리들은 알레르기 약 30개를 임의 추출하고 무게를 측정하였다. 표본표준편차는 1.2 밀리그램이다. 무게가 정규분포를 한다고 가정하고, 모분산과 모표준편차에 대한 99% 신뢰구간을 구하여라.

풀이 χ_R^2과 χ_L^2의 우측 면적을 구하면

$$\chi_R^2\text{의 우측 면적} = \frac{\alpha}{2} = \frac{1-0.99}{2} = 0.005$$

$$\chi_L^2\text{의 우측 면적} = 1-\frac{\alpha}{2} = \frac{1+0.99}{2} = 0.995$$

$n=30$, $d.f.=29$와 $1-\alpha=0.99$를 사용하면 임계값 χ_R^2과 χ_L^2는 다음과 같다.

$$\chi_R^2 = 52.366\text{과 } \chi_L^2 = 13.121$$

이 임계값과 $s=1.2$를 사용해서 σ^2에 대한 신뢰구간을 구하면 다음과 같다.

좌측 끝점 우측 끝점

$$\frac{(n-1)s^2}{\chi_R^2} = \frac{(30-1)(1.2)^2}{52.336} \approx 0.798 < \sigma^2 < \frac{(n-1)s^2}{\chi_L^2} = \frac{(30-1)(1.2)^2}{13.121} \approx 3.183$$

$$0.798 < \sigma^2 < 3.183$$

σ에 대한 신뢰구간은

$$\sqrt{0.798} < \sigma < \sqrt{3.183}$$
$$0.89 < \sigma < 1.78$$

따라서 99% 신뢰도에서 모분산은 0.798과 3.183 사이에 있다고 하고, 모표준편차는 0.89와 1.78 사이에 있다. ■

≪문제 7.4.2≫ 약 무게의 모분산과 모표준편차에 대한 95%와 99%의 신뢰구간을 구하여라.

연습문제 ≫

대표본일 때 모평균에 대한 신뢰구간 ≫

1. 어떤 통계량이 μ에 대한 최량불편추정량인가?

① s　　② $\overline{x}$　　③ 중앙값　　④ 최빈값

2. 동일한 표본 통계량이 주어졌을 때, 가장 넓은 신뢰구간을 만드는 신뢰수준은 얼마인가? 그 이유를 설명하여라.

① 90%　　② 95%　　③ 98%　　④ 99%

3. 표본 크기가 증가할 때 신뢰구간의 폭은 어떤 영향을 받는가?

① 폭 증가　　② 폭 감소　　③ 아무런 영향도 없다.

4. 모평균을 추정할 때, 점 추정값과 구간 추정값을 사용한다면 어느 것이 더 타당하다고 생각하는가? 그 이유를 설명하여라.

5. 주어진 신뢰수준에서 신뢰구간을 구하기 위해서 필요한 임계값을 구하여라.

① $1-\alpha=0.97$　　② $1-\alpha=0.85$　　③ $1-\alpha=0.75$　　④ $1-\alpha=0.80$

6. $1-\alpha$, s와 n이 주어졌을 때 최대 추정오차를 구하여라.

① $1-\alpha=0.65,\ s=1.5,\ n=50$　　② $1-\alpha=0.95,\ s=3.0,\ n=60$
③ $1-\alpha=0.90,\ s=2.5,\ n=36$　　④ $1-\alpha=0.975,\ s=3.4,\ n=100$

7. 모평균 μ에 대한 신뢰구간을 구하여라.

① $1-\alpha=0.90,\ \overline{x}=15.2,\ s=2.0,\ n=60$
② $1-\alpha=0.95,\ \overline{x}=31.39,\ s=0.8,\ n=82$
③ $1-\alpha=0.95,\ \overline{x}=4.27,\ s=0.3,\ n=42$
④ $1-\alpha=0.99,\ \overline{x}=13.5,\ s=1.5,\ n=100$

8. 아래의 자료들은 표본평균과 표본표준편차가 주어져 있다. 이 정보를 사용하여 모평균에 대한 90%와 95% 신뢰구간을 구하고, 어느 구간이 더 넓은가?

① 임의로 선택한 가스 그릴의 평균 가격은 630,900원, 표준편차는 56,700원이다.

② 올해에 36일 동안을 임의로 선택하여 삼성전자의 마감 주식 가격의 평균은 125만 3천원이고 표준편차는 21만원이다.

③ 한국산 소나무 56그루를 임의로 선택해서 높이를 측정하였더니 평균 10.452m, 표준편차 2.130m이다.

④ 신문 발행자는 성인들이 신문을 읽는데 소비하는 평균 시간을 추정하기를 원한다. 이를 추정하기 위해서 발행자는 15명의 독자를 임의로 선택해서 측정한 시간은 아래와 같다. 지난 연구에서 발행자는 모분산 σ가 15분으로 측정되었고, 읽는 시간의 모집단은 정규분포를 한다고 가정한다.

(단위 : 분)

6	7	7	8	8	9	9	9
10	10	11	11	10	10	11	

9. $\sigma = 4.8$이 주어졌을 때, 95% 신뢰구간이 표본평균이 모평균의 2단위 내에 있기를 원할 때 요구되는 최소 표본크기는 얼마인가?

10. 아래에 제시된 변화는 요구되는 최소 표본 크기에 어떻게 영향을 미치는가?

① 신뢰수준의 증가

② 허용 오차의 증가

③ 표준편차의 증가

소표본일 때 모평균에 대한 신뢰구간 ≫

11. 주어진 신뢰수준 $1-\alpha$와 표본크기 n이 주어졌을 때 임계값 $t_{\alpha/2}$를 구하여라.

① $1-\alpha = 0.99,\ n = 10$　② $1-\alpha = 0.95,\ n = 20$

③ $1-\alpha = 0.90,\ n = 16$　④ $1-\alpha = 0.98,\ n = 12$

12. 아래에서 $1-\alpha$, s와 n이 주어졌을 때 최대 추정오차를 구하기 위하여 정규분포를 부정확하게 사용되었다고 가정하자. 정규분포를 사용하여 E의 값을 구하고, t-분포를 사용하여 올바른 값을 구하여라. 그리고 두 결과를 비교하여라.

① $1-\alpha=0.99$, $s=5$, $n=16$ ② $1-\alpha=0.95$, $s=3$, $n=6$

13. 주어진 $1-\alpha$, $\overline{x}$, s, n을 사용하여 모평균 μ에 대한 신뢰구간을 t-분포를 사용하여 구하고 정규분포를 사용할 때 부정확하다면, 어떤 구간이 더 넓은가?

① $1-\alpha=0.90$, $\overline{x}=12.5$, $s=2.0$, $n=6$
② $1-\alpha=0.95$, $\overline{x}=13.4$, $s=0.85$, $n=8$
③ $1-\alpha=0.98$, $\overline{x}=4.3$, $s=0.34$, $n=14$
④ $1-\alpha=0.99$, $\overline{x}=14$, $s=2.0$, $n=10$

14. 아래의 자료를 사용하여 표본평균, 표준편차, 모평균에 대한 99% 신뢰구간을 구하여라. 각 자료는 모두 정규분포를 한다고 가정하자.

① 경제학사 14명을 임의로 추출하여 월 소득을 조사한 결과 아래와 같다.

(단위: 만원)

314.85	297.83	309.36	309.20	328.22	322.36	327.65
352.76	340.73	403.66	408.37	294.65	302.34	380.62

② 고등학교 학생 12명을 임의로 선택해서 수학능력시험의 표준 점수를 조사하였더니 다음과 같다.

(단위: 점)

424	430	312	322	400	390
380	337	455	200	185	170

③ 우리들은 25대의 스포츠카를 임의로 선택해서 리터당 가는 거리로 기록하였다.

(단위: km)

24	20	25	27	26	22	24	22	23	26	24	24	29
22	18	19	23	26	24	20	23	30	27	24	28	

모비율에 대한 신뢰구간 ≫

15. $\hat{p}$를 주어진 조건하의 모비율이라고 하자. 아래의 질문에서 p와 q의 점 추정값을 계산하여라.

① 한국 시민 1040명의 조사에서, 미국에서 먹고 있는 음식의 안전성에 대해서 83명이 신뢰할 수 없다고 응답하였다.

② 한국 시민 1001명의 조사에서, 노동자들의 권리를 지키기 위하여 연합의 규칙이 과거보다 현재가 더 중요하다고 믿는다고 응답한 사람은 501명이다.

③ 34,000명의 한국 성인 조사에서 4080명이 요오드의 낮은 수준을 가졌다고 보고되었다.

④ 1907건의 사망교통사고에서 725건이 알코올과 관련된 사고라고 보고되었다.

⑤ 262명의 흡연자 중에서 189명은 애연가라고 조사되었다.

⑥ 고등학교 야구선수 1418명중에 93명은 경기 도중에 부상으로 고통을 받는다고 보고되었다.

⑦ 한국 성인 1026명의 조사에서 277명은 한 명의 자녀를 원한다면 딸을 갖기를 원한다고 조사되었다.

16. 위 연습문제 15를 사용하여 모비율 p에 대한 95%와 99% 신뢰구간을 각각 구하여라. 어떤 구간이 더 넓은가?

17. 왜 $n\hat{p} \geq 5$, $n\hat{q} \geq 5$를 점검해야 하는가?

모분산과 모표준편차에 대한 신뢰구간 ≫

18. 신뢰 수준 $1-\alpha$와 표본크기 n이 주어졌을 때 임계값 χ_R^2과 χ_L^2을 구하여라.

① $1-\alpha=0.90$, $n=10$
② $1-\alpha=0.99$, $n=13$
③ $1-\alpha=0.95$, $n=22$
④ $1-\alpha=0.98$, $n=26$
⑤ $1-\alpha=0.99$, $n=30$
⑥ $1-\alpha=0.80$, $n=29$

19. 아래의 각 표본은 정규분포를 한다고 가정하고 모분산 σ^2과 모표준편차 σ에 대한 신뢰구간을 구하여라.

① 비타민 보충제의 변동을 분석하기 위해 우리들은 14개의 정제를 임의로 선택해서 무게를 잰 결과는 아래와 같다. 90% 신뢰수준을 사용하여라.

(단위: 밀리그램)

499.998	499.996	500.000	499.995	500.010	499.996	500.200
500.003	500.000	499.997	500.015	499.988	500.000	500.000

② 감기 시럽에 대한 내용물을 측정하기 위해 15명을 임으로 선택해서 측정한 결과는 아래와 같다. 90% 신뢰수준을 사용하여라.

(단위: 온스)

4.253	4.209	4.211	4.241	4.260	4.293	4.189	4.248
4.300	4.220	4.239	4.256	4.290	4.246	4.269	

③ 자동차 배터리를 18개 임의로 선택하여 예비용량에 대한 시간을 측정한 결과가 아래와 같다. 99% 신뢰수준을 사용하여라.

(단위: 시간)

1.70	1.75	0.88	1.77	2.07	1.60	1.86	1.72	1.38
1.70	1.60	1.94	1.58	1.74	1.46	1.64	1.49	1.55

④ 우리들은 17개의 볼트를 임의로 선택하여 측정한 결과는 다음과 같다. 95% 신뢰수준을 사용하여라.

(단위: 인치)

1.171	1.217	1.360	1.302	1.331	1.286	1.138	1.240	1.132
1.300	1.167	1.401	1.241	1.383	1.240	1.381	1.137	

20. 우리들은 연습문제 19의 ①에서 비타민 보충제의 표본을 분석하였다. 정제의 모표준편차의 무게는 0.015밀리그램보다 적다. 정제의 무게변동을 허용할 수 있는 수준에서 σ의 신뢰구간을 구하여라. 또, 그 이유를 설명하여라.

21. 우리들은 연습문제 19의 ②에서 감기 시럽 약의 표본을 분석하였다. 병의 내용물에 대한 모표준편차가 0.025 온스보다 적다. 병의 내용물의 변동이 허용할 수 있는 수준에서 σ의 신뢰구간을 구하여라. 또, 그 이유를 설명하여라.

chapter

8 가설검정

8.1 가설검정이란

이 장에서는 **통계적 추론**에서 중요한 기술 중 하나인 **가설검정**에 대하여 공부하고자 한다. 가설검정(hypothesis testing)이란 표본통계량으로부터 모집단의 모수에 대한 주장이나 추측을 검정하는 과정을 말한다. 다양한 분야의 연구자들은 신약 등의 신제품에 대한 적절한 의사결정을 하기 위하여 가설검정에 의존하게 된다. 예를 들어, 타이어 제조회사는 그 회사의 타이어의 평균수명이 6년이라고 주장한다. 만약 이러한 주장에 의문이 생겼다고 하자. 그러면 어떻게 이러한 주장이 거짓임을 보일 수 있겠는가? 물론 모든 타이어를 다 검사할 수 없다. 그러나 모집단에서 임의의 표본을 추출하여 타이어 제조회사의 주장에 대하여 적절한 결정을 내릴 수 있다. 만약 표본평균이 제조회사의 주장과 충분히 차이가 난다면 제조회사의 주장이 거짓이라고 결론을 내릴 수 있다.

8.1.1 가설 세우기

모집단의 모수에 대한 주장 또는 추측을 **통계적 가설**(statistical hypothesis)이라고 한다. 통계적 가설을 검정하기 위하여 다음의 두 가지 가설을 세워야 한다. 첫 번째 가설은 주장하고자 하는 사실을 나타내는 가설이며 두 번째 가설은 주장에 반하는, 즉 기존의 정보가 옳다고 주장하는 가설이다. 두 가설 중 하나가 '거짓'이라면 나머지 하나는 '참'이어야 한다. 일반적으로 동일하거나 변함이 없다고 주장하는 가설을 귀무가설이라고 하고 그에 반하는 가설을 대립가설이라고 한다.

[정의 8.1.1]

1. **귀무가설**(null hypothesis) H_0은 "$\leq$", "$=$", "$\geq$"과 같이 동일함에 대한 주장이 포함되는 통계적 가설이다.
2. **대립가설**(alternative hypothesis) H_a은 귀무가설에 반하는 가설이다. 만약 귀무가설이 거짓이라면 반드시 참이어야 하는 가설로서 "$>$", "$\neq$", "$<$" 등을 포함하는 가설이다.

귀무가설과 대립가설을 적기 위하여 모집단의 모수에 대한 연구자들의 주장이나 추측을 수학적인 표현으로 바꾸어야 한다. 그런 다음, 그 반대의 가설을 적는다. 귀무가설과 대립가설의 몇 가지 예는 다음과 같다.

예 8.1.1

(1) 어떤 담배제조회사에서 생산하는 담뱃갑에는 담배 한 개비 당 함유된 니코틴의 양은 1.5mg이라고 적혀 있다. 그러나 흡연을 반대하는 어떤 사람은 담배회사의 광고와는 달리 실제 니코틴 함량은 1.5mg보다 많을 것이라고 주장한다. 이 회사의 담배 한 개비 당 함유된 니코틴의 양을 μ로 두자. 그러면 흡연반대자의 주장은 대립가설이 되고 반면에 담배회사의 주장은 귀무가설이 된다.

$$H_0: \ \mu = 1.5$$
$$H_a: \ \mu > 1.5$$

(2) 어떤 전자회사는 공장에서 생산하는 특정 모델의 텔레비전의 수명의 분산이 3년보다 짧다고 주장한다. 관심의 대상인 텔레비전의 수명의 분산을 σ^2로 두면 이 전자회사의 주장은 대립가설 H_a이 된다.

$$H_0: \ \sigma^2 \geq 3$$
$$H_a: \ \sigma^2 < 3$$

(3) 어떤 대학교의 졸업생들의 취업률이 70%라고 한다. 이 때 이 학교 학생들의 취업률을 p라고 두면 이 대학교의 주장은 귀무가설이 된다.

$$H_0: \ p = 0.7$$
$$H_a: \ p \neq 0.7$$

8.1.2 오류의 종류와 유의수준(types of errors and level of significance)

귀무가설 또는 대립가설 중에서 어떤 가설이 주장이나 추측을 나타내는가에 관계없이 항상 귀무가설이 참이라는 가정아래 가설검정을 시작하게 된다. 그러므로 가설검정을 수행할 때 귀무가설을 기각하거나 귀무가설을 기각하지 못하거나 이 두 개의 결정 중 하나의 결정을 하게 된다.

그러나 전체 모집단이 아닌 표본을 사용하므로 불완전한 정보에 근거한 결정을 내리게 된다. 즉 잘못된 결정을 내리게 되는 오류의 가능성이 항상 존재하게 된다. 가설검정에서는 다음과 같은 두 가지 오류가 존재한다.

[정의 8.1.2]

1. **제 1종 오류**(type I error)는 H_0이 참일 때 H_0을 기각하는 오류이다.
2. **제 2종 오류**(type II error)는 H_0이 거짓일 때 H_0을 기각하지 않는 오류이다.

결 정	실 제	
	H_0이 참일 때	H_0이 거짓일 때
H_0을 기각하지 않는다.	옳은 결정	제 2종 오류
H_0을 기각한다.	제 1종 오류	옳은 결정

예 8.1.2

[예 8.1.1]의 (1)에서 다룬 니코틴 함량에 대한 가설검정에서 제 1종 오류와 제 2종 오류가 언제 발생하는지 알아보자.

풀이 제1종 오류는 실제 담배 한 개비당 니코틴 함량이 1.5m일 때 H_0을 기각하여 1.5mg보다 많다고 결정하는 것이다. 제2종 오류는 실제 니코틴 함량이 1.5mg 보다 많은데도 불구하고 H_0을 기각하지 않고 담배회사의 주장을 받아들이는 것이다. 제1종 오류는 실제 담배의 니코틴 함량이 회사의 광고와 같은데도 불구하고 담배회사에게 니코틴 함량초과에 대한 경고장을 주거나 담배회사의 판매량 하락에 영향을 줄 수 있다. 제2종 오류는 니코틴 함량이 광고보다 초과되었는데도 불구하고 담배회사의 광고만 믿고 그대로 담배의 판매를 허용하는 결과를 낳게 되므로 이 담배를 애용하는 흡연가들의 건강을 해칠 수 있으므로 제1종 오류보다 더 심각한 결과를 초래할 수 있다. ■

가설검정에서 발생하는 두 가지 오류는 모두 작을수록 좋다. 그러나 제1종 오류와 제2종 오류를 동시에 작게 하는 것은 불가능하다. 그래서 제1종 오류를 범할 수 있는 허용한계인 유의수준을 정해두고 제2종 오류를 최소화하는 방법을 사용한다.

[정의 8.1.3]

1. 가설검정에서 **유의수준**(level of significance)은 제1종 오류를 범할 수 있는 최대허용한계를 말한다. 유의수준은 보통 α로 표시한다.
2. 제2종 오류를 범하는 확률은 β로 표시한다.

유의수준을 적당히 작은 값으로 두고 참인 귀무가설을 기각하는 확률을 작게 한다. 보통 유의수준 $\alpha = 0.10$, $\alpha = 0.05$, $\alpha = 0.01$로 둔다.

8.1.3 통계적 검정(statistical tests)과 유의확률($P-$values)

귀무가설과 대립가설을 얻고 유의수준을 정한 후, 가설검정의 다음 단계는 모집단으로부터 표본을 얻어서 평균이나 표준편차와 같은 표본통계량을 계산하는 것이다. 귀무가설에서의 모수와 비교하게 되는 통계량을 검정통계량(test statistic)이라고 한다. 검정의 형태와 표본분포는 검정통계량에 기초한다.

귀무가설을 기각할지를 결정하는 방법 중 하나는 표준화된 검정통계량(또는 더 극단적인 값)을 얻을 확률이 유의수준보다 작은지 결정하면 된다.

[정의 8.1.4]

유의확률 또는 $P-$**값**은 귀무가설이 참이라는 가정 하에 표본자료에서 얻어지는 값만큼 극단적이거나 더 극단적인 값을 가지는 검정통계량을 얻을 확률을 말한다. 즉, $P-$값은 귀무가설에 반하는 증거의 정도에 대한 정보를 제공한다. 좀 더 엄밀히 말하면, $P-$값은 귀무가설을 기각하게 하는 최소의 유의수준을 말한다.

가설검정의 종류는 귀무가설을 기각하도록 하는 표본분포의 영역에 따라 결정된다. 이러한 영역은 대립가설에 의해 표시된다.

[정의 8.1.5]

1. 대립가설 H_a이 "<" 부호를 포함하면 가설검정은 **왼쪽 꼬리 검정**(left-tailed test)이다.

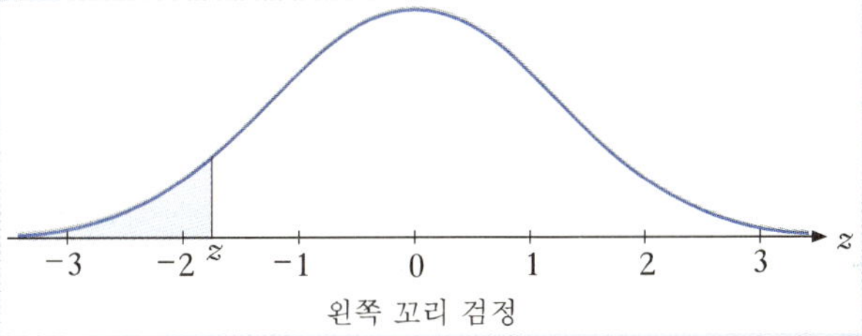

|그림 8.1|

2. 대립가설 H_a이 ">" 부호를 포함하면 가설검정은 **오른쪽 꼬리 검정**(right-tailed test)이다.

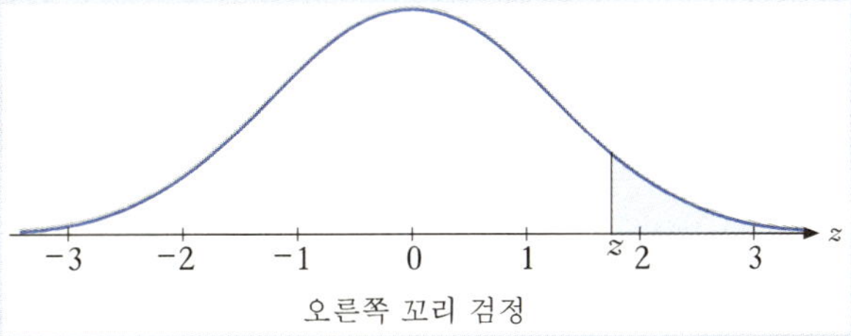

|그림 8.2|

3. 대립가설 H_a이 "$\neq$" 부호를 포함하면 가설검정은 **양쪽 꼬리 검정**(two-tailed test)이다.

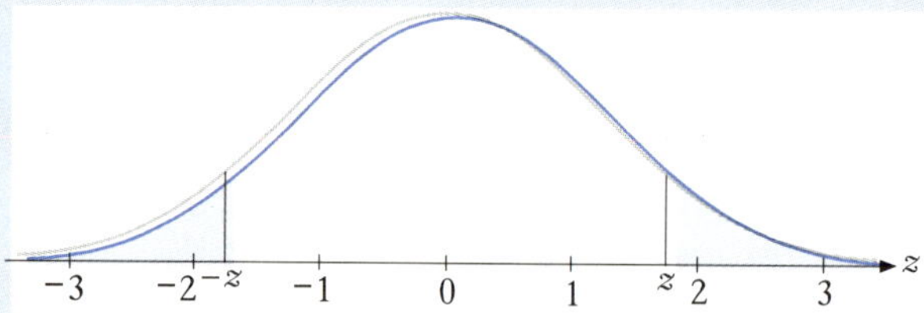

|그림 8.3|

검정의 $P-$값이 작을수록 귀무가설을 기각하는 증거가 더 많이 존재한다. 그러나 매우 낮은 $P-$값이라도 귀무가설이 거짓이라고 말할 수는 없다는 것을 기억하라.

예 8.1.3

[예 8.1.1]의 세 주장에 대하여 가설검정의 종류를 결정하여 보자.

(1) 어떤 담배제조회사에서 생산하는 담뱃갑에는 담배 한 개비 당 함유된 니코틴의 양은 1.5mg이라고 적혀 있다. 그러나 흡연을 반대하는 어떤 사람은 담배회사의 광고와는 달리 실제 니코틴 함량은 1.5mg보다 많을 것이라고 주장한다.

$$H_0: \ \mu = 1.5$$
$$H_a: \ \mu > 1.5$$

풀이 대립가설이 "$>$"을 포함하므로 검정은 오른쪽 꼬리 검정이 된다.

(2) 어떤 전자회사는 공장에서 생산하는 특정 모델의 텔레비전의 수명의 분산이 3년보다 짧다고 주장한다.

$$H_0: \ \sigma^2 \geq 3$$
$$H_a: \ \sigma^2 < 3$$

풀이 대립가설이 "$<$"을 포함하므로 검정은 왼쪽 꼬리 검정이다.

(3) 어떤 대학교의 졸업생들의 취업률이 70%라고 한다. 이때 이 학교 학생들의 취업률을 p라고 두면 이 대학교의 주장은 귀무가설이 된다.

$$H_0: \ p = 0.7$$
$$H_a: \ p \neq 0.7$$

풀이 대립가설이 "$\neq$"을 포함하므로 검정은 양쪽 꼬리 검정이다. ■

8.1.4 의사결정과 결과해석

가설검정을 수행하면 오직 두 가지 가능한 결론을 내리게 된다; 귀무가설을 기각하거나 귀무가설을 기각하지 않는다.

[정의 8.1.6] $P-$값에 의한 결정원칙

가설검정에서 $P-$값을 이용하여 결정을 내릴 때 $P-$값을 유의수준 α와 비교한다.

1. 만약 $P \leq \alpha$이면 귀무가설 H_0을 기각한다.
2. 만약 $P > \alpha$이면 귀무가설 H_0을 기각하지 않는다.

만약 귀무가설을 기각하지 않았을 때 이것이 귀무가설이 '참'이라고 받아들인다는 뜻은 아니다. 단지 귀무가설을 기각할 만큼의 충분한 증거가 있지 않았다는 뜻일 뿐이다.

예 8.1.4

[예 8.1.1]의 주장 (1)에 대한 가설검정을 수행하였다고 하자. 만약 귀무가설 H_0을 기각하였다면 가설검정의 결론을 어떻게 해석할 것인가? 만약 귀무가설을 기각하지 않았다면 그 결과는 어떻게 해석되는가?

(1) 어떤 담배제조회사에서 생산하는 담뱃갑에는 담배 한 개비 당 함유된 니코틴의 양은 1.5mg이라고 적혀 있다. 그러나 흡연을 반대하는 어떤 사람은 담배회사의 광고와는 달리 실제 니코틴 함량은 1.5mg보다 많을 것이라고 주장한다.

풀이 만약 귀무가설이 기각되었다면 이 담배회사의 담배 한 개비 당 함유된 니코틴의 양이 1.5mg보다 많다는 주장에 대한 충분한 증거가 있다고 결론지어야 한다. 만약 귀무가설이 기각되지 않았다면 이 담배회사의 담배 한 개비 당 함유된 니코틴의 양이 1.5mg보다 많다는 주장에 대한 증거가 불충분하였다고 결론지어야 한다. ■

[가설검정의 일반적인 절차]

1. 주장이나 추측을 수학적으로 표현하라. 귀무가설과 대립가설을 세우라.
2. 유의수준을 결정하라.
3. 표준화된 표본분포를 결정하고 그래프를 그려보라.
4. 검정통계량과 표준화된 검정통계량을 계산하라.
5. $P-$값을 구하라.
6. 결정원칙에 따라 가설검정의 결론을 내려라.
7. 결과를 원래의 주장에 맞게 해석하라.

8.2 단일 대표본에서의 모평균에 대한 가설검정

제5장에서 표본크기가 적어도 30이상이면 표본평균 $\overline{x}$의 표본분포가 정규분포를 따른다는 것을 공부하였다. 8.1절에서 가설검정의 결론을 내는 방법 중 하나로서 $\overline{x}$와 같은 표본통계량에 대한 $P-$값을 사용하는 방법을 배웠다.

8.2.1 $z-$검정을 위한 $P-$값 사용

평균에 대한 $z-$검정은 표본평균의 표본분포가 정규분포인 모집단에서 쓰인다. $z-$검정을 사용하려면 검정통계량 $\overline{x}$에 대한 표준화된 값을 찾아야 한다.

$$z = \frac{\text{표본평균} - \text{가설화된 평균}}{\text{표준오차}}$$

[정의 8.2.1] 모평균에 대한 $z-$검정

$z-$검정은 모평균에 대한 통계적 검정이다. $z-$검정은 모집단이 정규분포를 따르고 모표준편차 σ가 알려져 있거나 표본의 크기 n이 30 이상인 임의의 모집단에 대하여 사용할 수 있다. 검정통계량은 표본평균 $\overline{x}$이고 표준화된 검정통계량은 z이다.

$$z = \frac{\overline{x} - \mu}{\sigma / \sqrt{n}}$$

이때 $\sigma / \sqrt{n}$은 표준오차 $\sigma_{\overline{x}}$이다.
표본의 크기 $n \geq 30$이면 표준편차 σ 대신에 표본표준편차 s를 사용할 수 있다.

모평균 μ에 대한 $z-$검정을 위한 $P-$값

절차	기호
1. 주장을 수학적으로 표현하라. 귀무가설과 대립가설을 세워라.	H_0과 H_a을 세워라.
2. 유의수준을 정하라.	α를 정하라.
3. 표준화된 검정통계량을 결정하라.	$z = \frac{\overline{x} - \mu}{\sigma / \sqrt{n}}$ 또는 $n \geq 30$이면 $\sigma \approx s$
4. z에 대응하는 영역을 찾아라.	부록의 표 4 참조
5. $P-$값을 구하라. a. 왼쪽 꼬리 검정인 경우, $P=$왼쪽 꼬리 영역 b. 오른쪽 꼬리 검정인 경우, $P=$오른쪽 꼬리 영역 c. 양쪽 꼬리 검정인 경우, $P=2$(검정통계량의 꼬리영역)	
6. 귀무가설을 기각할지 기각하지 않을지 결정하라.	만약 $P-$값 $\leq \alpha$이면 H_0를 기각하라. 아니라면 H_0를 기각하지 않는다.
7. 원래의 주장에 맞게 결정을 해석하라.	

예 8.2.1

어떤 공장에서 가동하는 기계 부품의 평균 수명은 30년보다 길다고 주장한다. 임의로 추출한 부품 36개는 표본평균 31.5년이고 표준편차 3.5년이다. 유의수준 $\alpha = 0.01$에서 위의 주장을 뒷받침하는 충분한 근거가 있는가?

풀이 기계 부품의 평균수명을 μ로 두면, 귀무가설과 대립가설은 각각 다음과 같다.

$$H_0: \ \mu \le 30$$
$$H_a: \ \mu > 30$$

$z-$검정을 이용하면 표준화된 검정통계량은

$$z = \frac{\overline{x} - \mu}{\sigma/\sqrt{n}} = \frac{31.5 - 30}{3.5/\sqrt{36}} \approx 2.57. \quad n \ge 30\text{이므로 } \sigma \approx s = 3.5$$

부록 표 4를 이용하면 $z = 2.57$에 해당하는 영역은 0.0051이다. 이 검정은 오른쪽 꼬리검정이므로 $P-$값은 $z = 2.57$의 오른쪽 영역이다.

따라서 $P-$값은 0.0051이다. $P-$값은 $\alpha = 0.01$보다 작으므로 귀무가설을 기각한다. 따라서 유의수준 1%에서 부품의 평균수명은 30년보다 길다는 주장에 대한 충분한 근거가 있다. ■

예 8.2.2

새로운 체중조절 프로그램에 대한 광고에서 참가자는 평균 12주 이내로 10kg을 감량할 수 있다고 한다. 참가자 중 임의로 선택한 60명의 한 달 동안의 감량을 조사한 결과 10kg을 감량하는데 평균 11.2주, 표준편차 3.4주로 나타났다. 유의수준 $\alpha = 0.05$에서 위의 주장을 뒷받침하는 충분한 근거가 있는가?

풀이 프로그램 참가자의 평균 감량을 μ로 두면, 귀무가설과 대립가설은 각각 다음과 같다.

$$H_0: \ \mu = 12$$
$$H_a: \ \mu < 12$$

이때 대립가설이 새 프로그램에 대한 주장을 나타낸다. $z-$검정을 이용하면 표준화된 검정통계량은

$$z = \frac{\bar{x} - \mu}{\sigma / \sqrt{n}} = \frac{11.2 - 12}{3.4 / \sqrt{60}} \approx -1.82$$

이 검정은 왼쪽 꼬리 검정이므로 $P-$값은 $z=-1.82$의 왼쪽 영역이다. 따라서 부록 표 4에서 구한 $P-$값은 0.0344이다. $P-$값은 $\alpha = 0.05$보다 작으므로 귀무가설을 기각한다. 따라서 유의수준 5%에서 새로운 체중조절 프로그램의 감량 주장에 대한 충분한 근거가 있다. ■

8.2.2 기각역(rejection regions)과 임계값(critical values)

귀무가설을 기각할 지에 대한 결정을 할 수 있는 또 다른 방법은 표준화된 검정통계량이 표본분포의 기각역의 범위 안에 속하는지를 결정하는 것이다.

[정의 8.2.2]

표본분포의 **기각역**(rejection regions, critical regions)이란 귀무가설이 기각될 수 있는 값들의 범위를 말한다. 만약 검정통계량이 이 범위 안에 속하면 귀무가설은 기각된다. **임계값** z_0은 비기각역과 기각역을 구분하는 값이다.

[정규분포에서 임계값을 찾는 방법]

1. 유의수준 α를 정한다.
2. 검정이 왼쪽 꼬리 검정인지 오른쪽 꼬리 검정인지 양쪽 꼬리 검정인지 결정한다.
3. 임계값 z_0을 찾는다. 가설검정이
   a. 왼쪽 꼬리이면 α의 영역에 해당하는 $-z_\alpha$값을 찾는다.
   b. 오른쪽 꼬리이면 $1-\alpha$의 영역에 해당하는 z_α값을 찾는다.
   c. 양쪽 꼬리이면 $\frac{1}{2}\alpha$와 $1-\frac{1}{2}\alpha$에 해당하는 $-z_{\alpha/2}$와 $z_{\alpha/2}$값을 찾는다.
4. 표준정규분포를 그려라. 각 임계값에 수직선을 그리고 기각역을 찾아라.

8.2.3 z − 검정에 대한 기각역 이용하기

기각역을 이용하여 가설검정을 하려면 다음과 같은 결정원칙을 따라야 한다.

[기각역에 근거한 결정원칙]

기각역을 이용하여 가설검정을 하려면 표준화된 검정통계량 z를 계산하라. 만약 표준화된 검정통계량이

1. 기각역 안에 있으면 H_0을 기각한다.
2. 기각역 안에 있지 않으면 H_0을 기각하지 않는다.

예 8.2.3 [예 8.2.1]의 반복

어떤 공장에서 가동하는 기계 부품의 평균 수명은 30년보다 길다고 주장한다. 임의로 추출한 부품 36개는 표본평균 31.5년이고 표준편차 3.5년이다. 유의수준 $\alpha = 0.01$에서 위의 주장을 뒷받침하는 충분한 근거가 있는가?

풀이 앞의 예제에서와 같이, 귀무가설과 대립가설은 각각 다음과 같다.

$$H_0 : \ \mu \le 30$$
$$H_a : \ \mu > 30$$

z − 검정을 이용하면 표준화된 검정통계량은

$$z = \frac{\overline{x} - \mu}{\sigma / \sqrt{n}} = \frac{31.5 - 30}{3.5 / \sqrt{36}} \approx 2.57$$

유의수준 $\alpha = 0.01$이므로 임계값은 $z_0 = 2.33$이다. 이 검정은 오른쪽 꼬리 검정이므로 기각역은 $z > 2.33$이다. $z = 2.57$는 기각역에 속하므로 귀무가설을 기각한다. 따라서 유의수준 1%에서 부품의 평균수명은 30년보다 길다는 주장에 대한 충분한 근거가 있다. ■

예 8.2.4 [예 8.2.2]의 반복

새로운 체중조절 프로그램에 대한 광고에서 참가자는 평균 12주 이내로 10kg을 감량할 수 있다고 한다. 참가자 중 임의로 선택한 60명의 한 달 동안의 감량을 조사한 결과 10kg을 감량하는데 평균 11.2주, 표준편차 3.4주로 나타났다. 유의수준 $\alpha = 0.05$에서 위의 주장을 뒷받침하는 충분한 근거가 있는가?

풀이 프로그램 참가자의 평균 감량을 μ로 두면, 귀무가설과 대립가설은 각각 다음과 같다.

$$H_0: \ \mu = 12$$
$$H_a: \ \mu < 12$$

$z-$검정을 이용하면 표준화된 검정통계량은

$$z = \frac{\bar{x} - \mu}{\sigma / \sqrt{n}} = \frac{11.2 - 12}{3.4 / \sqrt{60}} \approx -1.82$$

유의수준 $\alpha = 0.05$이므로 임계값은 $z_0 = -1.645$이다. 이 검정은 왼쪽 꼬리 검정이므로 기각역은 $z < -1.645$이다. z가 기각역 안에 속하므로 귀무가설을 기각한다. 따라서 유의수준 5%에서 새로운 체중조절 프로그램의 감량 주장에 대한 충분한 근거가 있다. ■

8.3 소표본에서 모평균에 대한 가설검정

8.3.1 $t-$분포에서의 임계값

현실 상황에서는 표본의 크기가 30 이상을 수집하기가 쉽지는 않다. 그러나 모집단이 정규분포를 따르거나 거의 정규분포에 가까우면 모평균 μ에 대한 검정을 할 수 있다. 이를 위하여 자유도 $n-1$인 $t-$분포를 사용한다.

[t-분포에서 임계값 찾기]

1. 유의수준 α를 정한다.
2. 자유도 $d.f. = n-1$를 구한다.
3. 부록의 표 5에서 자유도 $n-1$인 행을 이용하여 임계값을 구한다. 가설검정이
   a. 왼쪽 꼬리이면 α의 영역에 해당하는 $-t_{\alpha}$값을 찾는다.
   b. 오른쪽 꼬리이면 α의 영역에 해당하는 t_{α}값을 찾는다.
   c. 양쪽 꼬리이면 $\frac{1}{2}\alpha$에 해당하는 $t_{\alpha/2}$을 찾고 양과 음의 부호를 가진다.

예 8.3.1

유의수준 $\alpha = 0.05$와 표본크기 $n = 21$에 대하여 왼쪽 꼬리 검정에 대한 임계값 t_0를 구하라.

풀이 자유도는 $d.f. = n-1 = 21-1 = 20$.
표 5에서 자유도 20과 유의수준 0.05를 찾으면 t-값은 1.725이고 음의 부호를 가지므로 임계값은 $t_0 = -1.725$이다. 이때, 검정이 왼쪽 꼬리이므로 부호는 "−"가 된다. ■

8.3.2 모평균 μ에 대한 t-검정 ($n < 30$, σ를 모를 때)

정규분포를 따르거나 정규분포에 매우 근사하며 σ를 모르는 모집단에서 추출한 소표본($n < 30$)을 이용하여 평균 μ에 대한 주장을 검정하려면 t-표본분포를 사용할 수 있다.

$$t = \frac{\text{표본평균} - \text{가설화된 평균}}{\text{표준오차}}$$

[모평균 μ에 대한 t-검정]

모평균에 대한 t-**검정**은
1. 모집단이 정규분포를 따르거나 거의 정규분포에 근사할 때
2. σ를 알지 못하고 $n < 30$일 때 사용되는 통계적 검정이다.

검정통계량은 $\bar{x}$이고 표준화된 검정통계량은 t이다.

$$t = \frac{\bar{x} - \mu}{s/\sqrt{n}}$$

자유도는 $d.f. = n - 1$이다.

가설검정의 결론을 내릴 때 제 1종 오류나 또는 제 2종 오류가 발생할 수 있음을 기억하라. 다음 절에서 소표본일 때 모평균 μ에 대한 $t-$검정에서 $P-$값을 이용하는 방법을 공부할 것이다.

예 8.3.2

환경보호단체에서 조사한 어떤 강의 수질의 평균 pH 수준이 6.8이라고 한다. 임의로 19개의 수질표본을 선택하여 각각의 pH를 조사하였더니 표본의 평균이 6.7이고 표준편차가 0.24로 나왔다. 환경보호단체의 주장에 대하여 충분한 근거가 있는지 유의수준 $\alpha = 0.05$에서 검정하라. 이때 모집단은 정규분포를 따른다고 가정한다.

풀이 평균 pH수준을 μ로 두면 귀무가설과 대립가설은 각각 다음과 같다.

$$H_0: \ \mu = 6.8$$
$$H_a: \ \mu \neq 6.8$$

이때 귀무가설이 단체의 주장을 나타낸다.

검정은 양쪽 꼬리 검정, 유의수준이 $\alpha = 0.05$이고 $d.f. = 19 - 1 = 18$이므로 임계값은 각각 $-t_0 = -2.101$, $t_0 = 2.101$이다. 기각역은 $t < -2.101$, $t_0 > 2.101$이다. $t-$검정을 이용하면 표준화된 검정통계량은

$$t = \frac{\bar{x} - \mu}{s/\sqrt{n}} = \frac{6.7 - 6.8}{0.24/\sqrt{19}} \approx -1.82$$

가 된다.

t가 기각역 안에 속하지 않으므로 귀무가설은 기각되지 않는다. 따라서 유의수준 5%에서 평균 pH수준이 6.8이라는 주장을 기각할 만한 충분한 근거가 있지 않다. ■

예 8.3.3

어떤 보험회사 직원은 특정 자동차 모델에 대한 보험료가 한 달에 적어도 50만원이라고 한다. 비슷한 보험회사 10개를 임의로 선택하여 이 자동차 모델에 대한 보험료를 조사한 결과 평균 보험료는 54.5만원, 표준편차는 6.8만원이라고 한다. 유의수준 $\alpha = 0.05$에서 검정하라. 이때 모집단은 정규분포를 따른다고 가정한다.

풀이 특정 자동차 모델에 대한 평균 보험료를 μ라고 두면 귀무가설과 대립가설은 각각 다음과 같다.

$$H_0 : \ \mu = 50$$
$$H_a : \ \mu > 50$$

검정은 오른쪽 꼬리 검정, 유의수준이 $\alpha = 0.05$이고 $d.f. = 10 - 1 = 9$이므로 임계값은 $t_0 = 1.833$이다. 기각역은 $t_0 > 1.833$이다. $t-$검정을 이용하면 표준화된 검정통계량은

$$t = \frac{\overline{x} - \mu}{s/\sqrt{n}} = \frac{54.5 - 50}{6.8/\sqrt{10}} \approx 2.09$$

가 된다.

t가 기각역 안에 속하므로 귀무가설은 기각된다. 따라서 유의수준 5%에서 특정 자동차 모델의 평균 보험료가 50만원 이상이라는 주장에 대한 충분한 근거가 있다고 할 수 있다. ■

8.3.3 $t-$검정에서 $P-$값 이용하기

오른쪽 꼬리 검정에서 자유도 15이고 $t = 1.98$일 때 $P-$값을 구한다고 가정하자. 부록의 표 5를 보면 $P-$값이 $\alpha = 0.025$에서 $\alpha = 0.05$ 사이에 놓인다는 것을 알 수 있지만 정확한 $P-$값을 알 수는 없다. 이러한 경우에는 가설검정을 위한 전자기술(예를 들어, 전자계산기 등)을 이용하여 정확한 $P-$값을 구할 수 있다.

8.4 비율에 대한 가설검정

8.4.1 비율에 대한 가설검정

비율에 대한 가설검정은 응용범위가 매우 넓으며, 예를 들어, 엔지니어 기술자의 품질 검사에서 결함이 있는 제품의 비율을 조사하거나 정치가가 어떤 안건에 대한 지지자의 비율을 알고 싶을 때 사용될 수 있다.

이 절에서는 모집단의 비율(모비율) p에 대한 가설검정에 대하여 공부하고자 한다. 이항분포에서 $np \geq 5$이고 $nq \geq 5$일 때 $\hat{p}$에 대한 표본분포가 정규분포이고 $\mu_{\hat{p}} = p$이고 $\sigma_{\hat{p}} = \sqrt{pq/n}$이다.

[모비율 p에 대한 $z-$검정]

$np \geq 5$이고 $nq \geq 5$인 이항분포에서 모비율 p에 대한 $z-$검정을 사용할 수 있다. 검정통계량은 표본비율 $\hat{p}$이고 표준화된 검정통계량은

$$z = \frac{\hat{p} - \mu_{\hat{p}}}{\sigma_{\hat{p}}} = \frac{\hat{p} - p}{\sqrt{pq/n}}$$

예 8.4.1

어떤 제품회사는 공장에서 생산되는 제품의 불량률이 2%를 넘지 않는다고 한다. 임의로 표본을 추출하여 조사한 결과 표본 100개 중 1개가 불량품이 나왔다. 회사의 주장에 대한 충분한 근거가 있는지 유의수준 $\alpha = 0.01$에서 검정하라.

풀이 제품의 불량률을 p로 두면, 귀무가설과 대립가설은 각각 다음과 같다.

$$H_0: \ p = 0.02$$
$$H_a: \ p < 0.02$$

이때 대립가설이 회사의 주장을 나타낸다. $np \geq 5$이고 $nq \geq 5$가 성립하므로 $z-$

검정을 사용할 수 있다. 검정은 왼쪽 꼬리 검정이고 유의수준은 $\alpha=0.01$이므로 임계값은 $z_0=-2.33$이고 기각역은 $z<-2.33$이다. 표준화된 검정통계량은

$$z=\frac{\hat{p}-p}{\sqrt{pq/n}}=\frac{0.01-0.02}{\sqrt{(0.02)(0.98)/100}}=-0.714$$

z가 기각역 안에 속하지 않으므로 귀무가설은 기각되지 않는다. 따라서 유의수준 1%에서 평균 불량품 비율이 2%를 넘지 않는다는 회사의 주장에 대한 충분한 근거가 있지 않다. ■

예 8.4.2

40세 이상의 남성 흡연자들의 폐암 발병률이 70%라고 알려져 있다. 어떤 암센터에서는 임의로 선택한 425명의 흡연자들의 폐암 발병여부를 조사하였더니 306명이 폐암 환자였다. 유의수준 $\alpha=0.05$에서 검정하라.

풀이 40세 이상 남성 흡연자의 폐암 발병률을 p로 두면 귀무가설과 대립가설은 각각 다음과 같다.

$$H_0:\ p=0.7$$
$$H_a:\ p\neq 0.7$$

$np\geq 5$이고 $nq\geq 5$가 성립하므로 $z-$검정을 사용할 수 있다. 검정은 양쪽 꼬리 검정이고 유의수준은 $\alpha=0.05$이므로 임계값은 $z_0=-1.96$, $z_0=1.96$이고 기각역은 $z<-1.96$, $z>1.96$이다. 표준화된 검정통계량은

$$z=\frac{\hat{p}-p}{\sqrt{pq/n}}=\frac{0.72-0.7}{\sqrt{(0.7)(0.3)/425}}\approx 0.899$$

z가 기각역 안에 속하지 않으므로 귀무가설은 기각되지 않는다. 따라서 유의수준 5%에서 40세 이상의 남성 흡연자의 폐암 발병률이 70%라는 주장을 기각할 만한 충분한 근거가 있지 않다. ■

8.5 분산과 표준편차에 대한 가설검정

8.5.1 χ^2-검정에 대한 임계값

현실에서는 일관되고 예측이 가능한 결과들을 얻는 것이 종종 중요하게 된다. 예를 들어, 골프공을 생산하는 회사가 있다고 하자. 생산자가 만들어내는 수만 개의 골프공은 모두 크기와 무게가 같아야 하며 그 오차에 대하여 아주 엄격하다. 모집단이 정규분포를 따른다면 자유도 $n-1$인 카이제곱(χ^2) 분포를 이용하여 분산과 표준편차에 대한 검정을 할 수 있다.

[χ^2-검정에서 임계값 찾기]

1. 유의수준 α를 정한다.
2. 자유도 $d.f.=n-1$를 구한다.
3. 부록의 표 6에서 χ^2-분포에 대한 임계값을 구한다.
   a. 왼쪽 꼬리 검정이면, 자유도와 $1-\alpha$에 대응하는 값을 이용한다.
   b. 오른쪽 꼬리 검정이면, 자유도와 α에 대응하는 값을 이용한다.
   c. 양쪽 꼬리 검정이면, 자유도와 $\frac{1}{2}\alpha$, 자유도와 $1-\frac{1}{2}\alpha$에 대응하는 값을 이용한다.

예 8.5.1

$n=13$이고 $\alpha=0.01$인 양측 꼬리 검정에 대한 임계 χ^2-값을 구하라.

풀이 자유도는 $d.f.=n-1=13-1=12$이므로 χ^2-분포의 양쪽 꼬리에 해당되는 임계값은 각각 $\frac{1}{2}\alpha=0.005$와 $1-\frac{1}{2}\alpha=0.995$이다. 표 6에서 $d.f.=12$와 0.005와 0.995에 해당하는 영역을 가진 임계값은 각각 $\chi^2_L=3.074$와 $\chi^2_R=28.299$이다.

참고할 것은 카이제곱 분포는 정규분포나 $t-$분포와는 달리 대칭이 아니므로 양측 꼬리 검정에서 두 임계값은 서로 정반대가 아니라는 점이다. 각 임계값은 따로 계산되어야 한다. ■

8.5.2 χ^2-검정

정규분포를 따르는 모집단의 분산 σ^2이나 표준편차 σ에 대한 검정을 하려면 χ^2-검정을 하여야 한다. 분산이나 표준편차에 대한 χ^2-검정은 모평균 μ나 모비율 p에 대한 검정만큼 로버스트하지 않다. 따라서 모분산 σ^2이나 모표준편차 σ에 대한 검정을 할 때 모집단이 정규분포를 따라야 한다. 모집단이 정규분포를 따르지 않을 때에는 잘못된 결과가 나올 수 있다.

[분산이나 표준편차에 대한 χ^2-검정]

χ^2-검정은 모분산이나 모표준편차에 대한 통계적 검정이다. χ^2-검정은 모집단이 정규분포를 따를 때 사용할 수 있다. 검정통계량은 s^2이고 표준화된 검정통계량은

$$\chi^2 = \frac{(n-1)s^2}{\sigma^2}$$

이다. s^2와 s의 표본분포는 자유도 $d.f. = n-1$를 가지는 χ^2-분포이다.

예 8.5.2

자동차 배터리 제조업자는 배터리의 수명의 표준편차는 0.9년이라고 주장한다. 임의로 추출된 10개의 표본으로 얻은 표준편차가 1.2년이라면 유의수준 $\alpha = 0.05$에서 이 주장에 대한 충분한 근거가 있는가? 이때 모집단은 정규분포를 따른다고 가정한다.

풀이 배터리 수명의 표준편차를 σ로 두면, 귀무가설과 대립가설은 각각 다음과 같다.

$$H_0 : \sigma = 0.9$$
$$H_a : \sigma > 0.9$$

귀무가설이 제조업자의 주장을 나타낸다.

검정은 오른쪽 꼬리 검정이고 유의수준은 $\alpha = 0.05$이며 자유도는 $d.f. = 10-1 = 9$이다. 따라서 임계값은 $\chi_0^2 = 16.919$이고 기각역은 $\chi^2 > 16.919$이다. χ^2-검정을 이용하면 표준화된 검정통계량은

$$\chi^2 = \frac{(n-1)s^2}{\sigma^2} = \frac{(10-1)(1.2)^2}{0.9^2} = 16.0$$

χ^2는 기각역 안에 속하지 않으므로 귀무가설을 기각할 수 없다. 따라서 유의수준 5%에서 제조업자의 주장을 기각할 만한 충분한 근거가 있다고 할 수 없다. ■

예 8.5.3

어떤 경찰서에서 신고를 받고 출동할 때까지 걸리는 시간의 표준편차가 2.9분을 넘지 않는다고 주장한다. 임의로 선택한 23번의 신고 중 출동할 때까지의 시간을 조사한 결과 표준편차는 2.1분이었다. 유의수준 5%에서 이 경찰서의 주장에 대한 충분한 근거가 있는가? 이때 모집단은 정규분포를 따른다고 가정한다.

풀이 경찰서의 신고 후 출동까지의 시간의 표준편차를 σ로 두면, 귀무가설과 대립가설은 각각 다음과 같다.

$$H_0:\ \sigma = 2.9$$
$$H_a:\ \sigma < 2.9$$

검정은 왼쪽 꼬리 검정이고 유의수준은 $\alpha = 0.05$이며 자유도는 $d.f. = 23 - 1 = 22$이다. 따라서 임계값은 $\chi_0^2 = 12.338$이고 기각역은 $\chi^2 < 12.338$이다. χ^2 − 검정을 이용하면 표준화된 검정통계량은

$$\chi^2 = \frac{(n-1)s^2}{\sigma^2} = \frac{(23-1)(2.1)^2}{2.9^2} \approx 11.54$$

χ^2는 기각역 안에 속하므로 귀무가설을 기각한다. 따라서 유의수준 5%에서 경찰서의 주장에 대한 충분한 근거가 있다고 할 수 있다. ■

참고 ··· $P-$값을 이용한 방법은 다음과 같다.

자유도 $d.f. = 9$이므로 부록 표 6을 보면 $P(\chi^2 > 16.09) = 0.065$이고 $P(\chi^2 > 15.85) = 0.07$이므로 $P-$값은 0.05보다 큰 것을 알 수 있다.

8.6 독립인 두 표본에서 평균의 차에 대한 검정

8.6.1 두 표본 가설검정

지금까지 모집단의 모수의 값에 대한 주장을 검정하는 방법을 공부하였다. 이 장에서는 두 개의 모집단에서 나온 모수들을 비교하는 주장을 검정하는 방법을 공부하고자 한다. 예를 들어, 성별에 따라 전자제품을 사용하는 평균 시간에 대한 차이를 알고자 하는 경우나 서로 다른 두 가지의 제품 공정에 따른 불량률을 비교하는 경우 등이다. 두 모집단의 평균을 비교하고자 할 때, 우선 두 모집단의 평균에 차이가 없다는 가정으로 시작한다. 즉, $\mu_1 - \mu_2 = 0$으로 둔다. 그런 다음, 각 모집단으로부터 표본을 추출하여 두 표본 검정통계량 $\overline{x_1} - \overline{x_2}$를 구하여 두 표본 가설검정을 수행할 수 있다.

이때 명심할 것은 두 모집단의 모수들 자체의 값에 대한 검정이 아니라 두 모집단의 모수들의 차이에 대한 검정을 하는 것이라는 것이다.

두 표본 가설검정에 대하여

1. 귀무가설(null hypothesis) H_0은 두 모집단의 모수들의 차이가 없다는 통계적 가설을 나타내며 항상 "$\leq$", "$=$", "$\geq$"를 포함한다.
2. 대립가설(alternative hypothesis) H_a은 귀무가설에 반하는 통계적 가설로서 "$>$", "$\neq$", "$<$" 등을 포함하는 가설이다.

두 표본 가설검정에 대한 귀무가설과 대립가설을 나타내려면 두 모집단의 모수들의 차이에 대한 연구자들의 주장이나 추측을 수학적인 표현으로 바꾸어야 한다. 그런 다음, 그 반대의 가설을 적어라. 두 모수 μ_1과 μ_2에 대한 주장이 있다고 하면 귀무가설과 대립가설의 몇 가지 예는 다음과 같다.

$$\begin{cases} H_0: \mu_1 = \mu_2 \\ H_a: \mu_1 \neq \mu_2 \end{cases} \qquad \begin{cases} H_0: \mu_1 \leq \mu_2 \\ H_a: \mu_1 > \mu_2 \end{cases} \qquad \begin{cases} H_0: \mu_1 \geq \mu_2 \\ H_a: \mu_1 < \mu_2 \end{cases}$$

위의 가설들은 다음과 같이 적을 수도 있다.

$$\begin{cases} H_0: \mu_1 - \mu_2 = 0 \\ H_a: \mu_1 - \mu_2 \neq 0 \end{cases} \qquad \begin{cases} H_0: \mu_1 - \mu_2 \leq 0 \\ H_a: \mu_1 - \mu_2 > 0 \end{cases} \qquad \begin{cases} H_0: \mu_1 - \mu_2 \geq 0 \\ H_a: \mu_1 - \mu_2 < 0 \end{cases}$$

8.6.2 평균의 차이에 대한 두 표본 z - 검정

두 모수 μ_1과 μ_2의 차이에 대한 z-검정을 공부해 보자. z-검정을 수행하기 위하여 다음과 같은 조건들이 만족되어야 한다.

1. 표본들은 반드시 임의로(랜덤하게) 추출되어야 한다.
2. 표본들은 반드시 독립이어야 한다.
3. 각 표본의 크기는 적어도 30이 되어야 한다. 만약 아니라면 각 모집단은 반드시 정규분포를 따라야 하며 모표준편차를 알고 있어야 한다.

위의 조건들이 만족하면 $\overline{x_1} - \overline{x_2}$의 표본분포는 평균이

$$\mu_{\overline{x_1} - \overline{x_2}} = \mu_{\overline{x_1}} - \mu_{\overline{x_2}} = \mu_1 - \mu_2$$

이고 표준편차가

$$\sigma_{\overline{x_1} - \overline{x_2}} = \sqrt{\sigma^2_{\overline{x_1}} + \sigma^2_{\overline{x_2}}} = \sqrt{\frac{\sigma_1^2}{n_1} + \frac{\sigma_2^2}{n_2}}$$

인 정규분포를 따른다.

주의할 점은 표본분포의 분산 $\sigma^2_{\overline{x_1} - \overline{x_2}}$은 각 $\overline{x_1}$와 $\overline{x_2}$의 표본분포의 분산의 합과 같다. $\overline{x_1} - \overline{x_2}$의 표본분포가 정규분포를 따르므로 두 모수 μ_1과 μ_2의 차이에 대하여 z-검정을 할 수 있다. 표준화된 검정통계량은 다음과 같은 형태를 가진다.

$$z = \frac{\text{관측된 평균의 차이} - \text{가설화된 평균의 차이}}{\text{표준오차}}$$

[모평균의 차이에 대한 두 표본 $z-$검정]

두 표본 $z-$검정은 모평균의 차이에 대한 통계적 검정이다. 두 표본 $z-$검정은 각 모집단에서 대표본(표본의 크기가 적어도 30 이상)이 추출되고 두 표본이 서로 독립일 때 사용할 수 있다. 검정통계량은 $\overline{x_1}-\overline{x_2}$이고 표준화된 검정통계량은

$$z=\frac{(\overline{x_1}-\overline{x_2})-(\mu_1-\mu_2)}{\sigma_{\overline{x_1}-\overline{x_2}}}, \quad \sigma_{\overline{x_1}-\overline{x_2}}=\sqrt{\frac{\sigma_1^2}{n_1}+\frac{\sigma_2^2}{n_2}}$$

이다.

표본이 충분히 크면 σ_1와 σ_2 대신에 s_1와 s_2를 사용할 수 있다. 표본이 충분히 크지 않으면 모집단들이 모두 정규분포를 따르고 모표준편차가 알려져 있다는 조건 하에 두 표본 $z-$검정을 사용할 수 있다.

일반적으로, 귀무가설의 형태가 $\mu_1=\mu_2$, $\mu_1 \le \mu_2$, $\mu_1 \ge \mu_2$이면 $\mu_1=\mu_2$으로 가정하고 $\mu_1-\mu_2=0$과 같이 표현한다.

두 평균의 차이에 대한 가설검정은 $P-$값을 이용하여 수행할 수도 있다. 표준화된 검정통계량을 구하여 표준정규분포표를 이용하여 $P-$값을 구한다. $P-$값이 α보다 작거나 같으면 귀무가설을 기각한다. 아니라면 기각하지 않는다.

예 8.6.1

어떤 대학교에서 이공계 남학생과 여학생의 통계학 과목의 성취도를 비교하려고 한다. 남학생 50명과 여학생 40명을 각각 임의로 추출하여 통계학 과목의 성적을 조사하였더니 남학생의 평균성적은 83.82, 표준편차는 7.84이고 여학생의 평균성적은 82.45, 표준편차는 9.61로 나타났다. 유의수준 $\alpha=0.05$에서 성별 간 성취도의 차이가 있는가?

풀이 남학생의 평균성적을 μ_1, 여학생의 평균성적을 μ_2로 두면 귀무가설과 대립가설은 각각 다음과 같다.

$$H_0: \ \mu_1-\mu_2=0$$
$$H_a: \ \mu_1-\mu_2 \ne 0$$

이 검정은 양쪽 꼬리 검정이고 유의수준은 $\alpha = 0.05$이므로 임계값은 각각 -1.96과 1.96이다. 기각역은 $z < -1.96$, $z > 1.96$이다. 두 표본의 크기가 모두 충분히 크므로 표본표준편차 s_1, s_2를 사용하여 표준오차를 구할 수 있다. 표준오차는

$$\sigma_{\overline{x_1} - \overline{x_2}} = \sqrt{\frac{s_1^2}{n_1} + \frac{s_2^2}{n_2}} = \sqrt{\frac{7.84^2}{50} + \frac{9.61^2}{40}} \approx 1.881$$

$z-$검정을 이용하면 표준화된 검정통계량은

$$z = \frac{(\overline{x_1} - \overline{x_2}) - (\mu_1 - \mu_2)}{\sigma_{\overline{x_1} - \overline{x_2}}} \approx \frac{(83.82 - 82.45) - 0}{1.881} \approx 0.78$$

검정통계량이 기각역 안에 속하지 않으므로 귀무가설을 기각하지 않는다. 따라서 유의수준 5%에서 통계학 과목의 성취도에는 성별 간 차이가 있다는 주장에 대한 충분한 근거가 있지 않다. ■

예 8.6.2

위의 예제에 대하여 $P-$값을 이용하여 검정하라.

풀이 위 예제에서 계산된 표준화된 검정통계량이 $z \approx 0.78$, 양쪽 꼬리 검정이고 유의수준은 $\alpha = 0.05$이므로 표 4에서 $P-$값은 $2(0.2177) = 0.4354$이다. $P-$값이 유의수준 α보다 크므로 귀무가설을 기각하지 않는다. 따라서 유의수준 5%에서 통계학 과목의 성취도에는 성별 간 차이가 있다는 주장에 대한 충분한 근거가 있지 않다. ■

8.6.3 소표본에서 독립인 두 표본에서 평균의 차에 대한 $t-$검정

8.3절에서 이미 거론했듯이 현실에서는 두 모집단에서 각각 크기가 30 이상인 표본들을 얻기가 쉽지는 않다. 그러나 두 모집단이 모두 정규분포를 따르면 모평균의 차이에 대한 검정을 할 수 있다. 이 절에서는 μ_1과 μ_2의 차이에 대한 검정을 위하여 $t-$검정을 사용한다. 독립인 소표본에서 $t-$검정을 위한 조건들은 다음과 같다.

1. 표본들은 반드시 임의로(랜덤하게) 추출되어야 한다.
2. 표본들은 반드시 독립이어야 한다.
3. 각 모집단은 반드시 정규분포를 따라야 한다.

위의 조건들이 만족하면 $\overline{x_1} - \overline{x_2}$의 표본분포는 평균이 $\mu_1 - \mu_2$인 $t-$분포를 따른다. 표본분포의 표준오차와 자유도는 모분산 σ_1^2와 σ_2^2가 같은지의 여부에 따라 달라진다.

만약 $\sigma_1^2 = \sigma_2^2$이면 두 표본으로부터 **공통표본표준편차**(pooled sample standard deviation)를 구할 수 있다. 공통분산 추정량

$$\widehat{\sigma^2} = \frac{(n_1 - 1)s_1^2 + (n_2 - 1)s_2^2}{n_1 + n_2 - 2}$$

으로부터 $\overline{x_1} - \overline{x_2}$의 표본분포의 표준오차는

$$\sigma_{\overline{x_1} - \overline{x_2}} = \hat{\sigma}\sqrt{\frac{1}{n_1} + \frac{1}{n_2}}$$

이고 자유도는 $d.f. = n_1 + n_2 - 2$가 된다.

모분산이 서로 같지 않으면 표준오차는

$$\sigma_{\overline{x_1} - \overline{x_2}} = \sqrt{\frac{s_1^2}{n_1} + \frac{s_2^2}{n_2}}$$

가 된다.

8.6.2절에서 배운 $z-$검정과 $t-$검정을 비교하면 다음과 같다.

	$z-$검정	$t-$검정
표본	독립이어야 한다.	독립이어야 한다.
분포와 표본의 크기	두 표본의 크기 모두 30 이상이거나 또는 모집단이 정규분포를 따르고 모표준편차를 알고 있어야 한다.	모집단이 정규분포를 따라야 한다. (두 표본 모두 또는 둘 중 하나는 크기가 30보다 작을 수 있다)

$\overline{x_1} - \overline{x_2}$의 표본분포가 $t-$분포를 따르면 두 표본 $t-$검정을 이용하여 두 모평균의 차이를 검정할 수 있다.

[평균의 차이에 대한 두 표본 $t-$검정]

두 표본 $t-$검정은 두 모평균 μ_1과 μ_2의 차이에 대한 통계적 검정이다. 각 모집단이 정규분포를 따르고 각 모집단에서 추출된 표본들이 서로 독립이며 두 표본 중 적어도 하나는 크기가 30보다 작아야 한다. 표준화된 검정통계량은

$$t = \frac{(\overline{x_1} - \overline{x_2}) - (\mu_1 - \mu_2)}{\sigma_{\overline{x_1} - \overline{x_2}}}$$

모분산이 서로 같다면, 자유도는 $d.f. = n_1 + n_2 - 2$이고 표준오차는

$$\sigma_{\overline{x_1} - \overline{x_2}} = \sqrt{\frac{(n_1 - 1)s_1^2 + (n_2 - 1)s_2^2}{n_1 + n_2 - 2}} \cdot \sqrt{\frac{1}{n_1} + \frac{1}{n_2}}$$

모분산이 서로 같지 않으면 자유도는 $d.f. = \min(n_1 - 1,\ n_2 - 1)$이고 표준오차는

$$\sigma_{\overline{x_1} - \overline{x_2}} = \sqrt{\frac{s_1^2}{n_1} + \frac{s_2^2}{n_2}}$$

가 된다.

예 8.6.3

어느 회사에서 직업훈련의 효과를 알아보기 위하여 훈련을 받은 10명과 훈련을 받지 못한 12명의 제품 조립 시간을 조사하였더니 각각 평균 51분, 표준편차 8분과 평균 55분, 표준편차 10분이 걸렸다. 이 결과를 가지고 직업훈련이 효과가 있었다고 말할 수 있는가? 유의수준 1%에서 검정하라. 단, 두 모집단은 정규분포를 따른다고 가정한다.

풀이 직업훈련을 받는 사람의 평균 조립시간을 μ_1로 두고 훈련을 받지 않은 사람의 평균 조립시간을 μ_2로 두면 귀무가설과 대립가설은 다음과 같다.

$$H_0 : \mu_1 - \mu_2 = 0$$
$$H_a : \mu_1 - \mu_2 < 0$$

분산이 같지 않고 두 표본 중 더 작은 표본의 크기는 10이므로 자유도는 $d.f. = 10 - 1 = 9$가 된다. 이 검정은 오른쪽 꼬리 검정이고 유의수준은 $\alpha = 0.01$이므로 임계값은 3.250이다. 기각역은 $t < -3.250$이다. 표준오차는

$$\sigma_{\overline{x_1} - \overline{x_2}} = \sqrt{\frac{s_1^2}{n_1} + \frac{s_2^2}{n_2}} = \sqrt{\frac{8^2}{10} + \frac{3^2}{12}} \approx 2.674$$

$t-$검정을 이용하면 표준화된 검정통계량은

$$t = \frac{(\overline{x_1} - \overline{x_2}) - (\mu_1 - \mu_2)}{\sigma_{\overline{x_1} - \overline{x_2}}} \approx \frac{(51 - 55) - 0}{2.674} \approx -1.496$$

검정통계량이 기각역 안에 속하지 않으므로 귀무가설을 기각하지 않는다. 따라서 유의수준 1%에서 직업훈련에 효과가 있다는 주장에 대한 충분한 근거가 있지 않다. ■

8.7 종속인 두 표본에서 평균의 차에 대한 검정

8.7.1 독립표본과 종속표본

8.6절에서 표본이 서로 독립일 때 두 표본 가설검정을 배웠다. 이 절에서는 종속인 표본들을 이용하여 두 표본 가설검정을 수행하는 방법을 공부한다.

[정의 8.7.1]

하나의 모집단에서 추출한 표본이 다른 모집단에서 추출한 표본과 서로 관련이 없을 때 두 표본은 서로 독립이라고 한다. 만약 하나의 표본에 속하는 각 원소가 다른 표본의 원소에 대응될 때 두 표본은 종속이라고 한다. **종속표본**은 **쌍체표본**(paired samples) 또는 **대응표본**(matched pairs)이라고도 한다.

8.7.2 평균의 차이에 대한 $t-$검정

8.6절에서 검정통계량 $\overline{x_1}-\overline{x_2}$을 이용하여 독립 표본에 대한 두 표본 가설검정을 수행하였다. 종속 표본에 대한 두 표본 가설검정을 하기 위하여 다음과 같이 각 자료 쌍의 차이를 얻는다.

$$d = x_1 - x_2$$

이러한 차이의 평균에 대한 검정통계량은

$$\overline{d} = \frac{1}{n}\sum_{i=1}^{n} d_i$$

검정을 하기 위하여 다음과 같은 조건들이 만족되어야 한다.

1. 표본들은 반드시 임의로(랜덤하게) 추출되어야 한다.
2. 표본들은 반드시 종속이어야 한다.
3. 각 모집단은 반드시 정규분포를 따라야 한다.

이러한 조건들이 만족되면 $\overline{d}$의 표본분포, 종속표본에서 쌍을 이룬 자료들의 차이의 평균은 자유도 $n-1$를 가지는 $t-$분포를 가진다. 이때 n은 쌍을 이룬 자료의 크기이다.

쌍을 이룬 자료의 차이의 가설화된 모평균을 μ_d라고 하고 종속표본에서 쌍을 이룬 자료의 차이의 평균을 $\overline{d}$, 표준편차를

$$s_d = \sqrt{\frac{n(\sum_{i=1}^{n} d^2) - (\sum_{i=1}^{n} d)^2}{n(n-1)}}$$

로 둔다.

$\overline{d}$의 표본분포는 $t-$분포이므로 쌍체자료의 모집단에 대한 차이의 평균에 대한 주장을 검정하기 위하여 $t-$검정을 사용할 수 있다.

[평균의 차이에 대한 $t-$검정]

$t-$검정은 표본이 각 모집단으로부터 임의로(랜덤하게) 추출되었을 때 두 모평균의 차이를 검정할 때 사용된다. 이 검정을 하려면, 각 모집단은 정규분포를 따라야 하고 하나의 표본의 각 원소들은 다른 표본의 원소와 쌍을 이루어야 한다. 검정통계량은

$$\bar{d} = \frac{1}{n}\sum_{i=1}^{n} d_i$$

자유도는 $d.f. = n-1$이다.

예 8.7.1

어떤 병원에서 환자의 신경을 안정시키는 신약을 개발하여 효과를 확인하고자 한다. 10명의 환자들을 대상으로 신약 복용 전과 복용 후의 불안이나 초조함을 느끼는 정도에 따른 점수를 조사하여 다음과 같은 결과를 얻었다. 유의수준 $\alpha = 0.01$에서 검정하라.

환자	1	2	3	4	5	6	7	8	9	10
복용 전	18	20	12	16	19	11	18	14	17	23
복용 후	13	18	15	10	14	11	10	12	12	24

풀이 각 환자의 점수의 차이를

$$d = \text{복용 전의 점수} - \text{복용 후의 점수}$$

로 두면 귀무가설과 대립가설은 각각 다음과 같다.

$$H_0: \ \mu_d = 0$$
$$H_a: \ \mu_d > 0$$

이 검정은 오른쪽 꼬리 검정이고 $\alpha = 0.01$, 자유도 $d.f. = 10-1 = 9$이므로 임계값은 $t_0 = 2.821$이다. 따라서 기각역은 $t_0 > 2.821$이다. $\bar{d}$와 s_d를 계산하면,

$$\bar{d} = \frac{\sum_{i=1}^{n} d}{n} = 2.90$$

$$s_d = \sqrt{\frac{n(\sum_{i=1}^{n} d^2) - (\sum_{i=1}^{n} d)^2}{n(n-1)}} = \sqrt{\frac{10(163) - 29^2}{10(10-1)}} \approx 3.48$$

$t-$검정을 사용하면 표준화된 검정통계량은

$$t = \frac{\overline{d_2} - \mu_d}{s_d / \sqrt{n}} \approx \frac{2.9 - 0}{3.48 / \sqrt{10}} \approx 2.64$$

t가 기각역에 속하지 않으므로 귀무가설은 기각되지 못한다. 따라서 유의수준 1%에서 신경을 안정시키는 신약의 효과가 있다는 주장에 대한 충분한 증거가 있다고 할 수 없다. ■

8.8 두 표본에서 비율의 차에 대한 검정

8.8.1 모비율의 차이에 대한 $z-$검정

이 절에서는 각 모집단으로부터 얻은 표본비율을 이용하여 모비율 p_1과 p_2의 차이를 검정하기 위하여 $z-$검정을 사용한다. 예를 들어 대학 졸업생중 남학생과 여학생의 취업률을 비교할 때 사용할 수 있다.

이러한 차이를 검정하기 위하여 다음과 같은 조건들이 만족되어야 한다.

1. 표본들은 반드시 임의로(랜덤하게) 추출되어야 한다.
2. 표본들은 반드시 독립이어야 한다.
3. 표본들은 충분히 커서 표본분포가 정규분포를 따라야 한다.

즉,

$$n_1p_1 \geq 5,\ n_2p_2 \geq 5$$
$$n_1q_1 \geq 5,\ n_2q_2 \geq 5$$

을 만족하여야 한다.

위의 조건들을 만족하면 $\hat{p_1} - \hat{p_2}$의 표본분포, 표본비율의 차이는 정규분포를 따르고 평균이

$$\mu_{\hat{p_1} - \hat{p_2}} = p_1 - p_2$$

이고 표준오차는

$$\sigma_{\hat{p_1} - \hat{p_2}} = \sqrt{\frac{p_1q_1}{n_1} + \frac{p_2q_2}{n_2}}$$

여기서 표준오차를 계산하려면 모비율을 알아야 한다. $p_1 - p_2$에 대한 검정은 $p_1 = p_2$라는 가정에 기초하므로 p_1과 p_2의 가중추정치 $\bar{p}$를 계산할 수 있다.

$$\bar{p} = \frac{x_1 + x_2}{n_1 + n_2}, \quad x_1 = n_1\hat{p_1}, \quad x_2 = n_2\hat{p_2}$$

$\hat{p_1} - \hat{p_2}$의 표본분포의 표준오차는

$$\sigma_{\hat{p_1} - \hat{p_2}} = \sqrt{\bar{p}\,\bar{q}\left(\frac{1}{n_1} + \frac{1}{n_2}\right)}, \quad \bar{q} = 1 - \bar{p}$$

마찬가지로 표본이 충분히 커서 정규분포로 근사되는지 알기 위하여 모비율을 알아야 한다. 그러나 이항실험에서 비율의 차이에 대하여 $z-$검정을 사용할 수 있는지 결정할 때 p_1과 p_2 대신에 $\bar{p}$를, q_1과 q_2 대신에 $\bar{q}$를 사용하여야 한다.

$\hat{p_1} - \hat{p_2}$의 표본분포가 정규분포이면 모비율의 차이를 검정할 때 두 표본 $z-$검정을 사용할 수 있다.

[모비율 차이에 대한 두 표본 $z-$검정]

$z-$검정은 표본이 각 모집단으로부터 임의로(랜덤하게) 추출되었을 때, 두 모비율의 차이를 검정할 때 사용된다. 검정통계량은

$$\hat{p_1} - \hat{p_2}$$

이고 표준화된 검정통계량은

$$z = \frac{(\hat{p_1} - \hat{p_2}) - (p_1 - p_2)}{\sqrt{\bar{p}\,\bar{q}\left(\frac{1}{n_1} + \frac{1}{n_2}\right)}}$$

여기서 $\bar{p} = \frac{x_1 + x_2}{n_1 + n_2}$, $\bar{q} = 1 - \bar{p}$이다.
참고로, $n_1\bar{p}$, $n_1\bar{q}$, $n_2\bar{p}$, $n_2\bar{q}$는 적어도 5이어야 한다.

귀무가설이 $p_1 = p_2$, $p_1 \le p_2$, $p_1 \ge p_2$이면 $p_1 = p_2$가 가정되고 $p_1 - p_2 = 0$으로 표현된다. 비율의 차이에 대한 검정에서 $P-$값을 이용하려면 표준화된 검정통계량을 구한 다음 표준정규분포표를 이용하여 $P-$값을 구할 수 있다. $P-$값이 α보다 작거나 같으면 귀무가설을 기각하고 아니라면 귀무가설을 기각하지 않는다.

예 8.8.1

어떤 제품회사는 두 공장 A, B에서 각각 생산되는 제품의 불량률을 비교하고자 한다. 임의로 표본을 추출하여 조사한 결과 공장 A에서는 표본 200개 중 60개가 불량품이었고 공장 B에서는 표본 250개 중 95개가 불량품이었다. 유의수준 0.1에서 두 공장의 불량품 비율에 차이가 있는가?

풀이 공장 A의 불량률을 p_1라 두고 공장 B의 불량률을 p_2로 두면 귀무가설과 대립가설은 각각 다음과 같다.

$$H_0 : \ p_1 = p_2$$
$$H_a : \ p_1 \neq p_2$$

검정이 양쪽 꼬리 검정이고 유의수준이 $\alpha = 0.05$이므로 임계값은 $z_0 = -1.645$, $z_0 = 1.645$이다. 기각역은 $z < -1.645$, $z > 1.645$이다. 모비율의 가중추정치는

$$\bar{p} = \frac{x_1 + x_2}{n_1 + n_2} = \frac{60 + 95}{200 + 250} = \frac{155}{450} \approx 0.344, \quad \bar{q} = 1 - \bar{p} = 1 - 0.344 = 0.656$$

$n_1 \bar{p}$, $n_1 \bar{q}$, $n_2 \bar{p}$, $n_2 \bar{q}$는 모두 5이상이므로 두 표본 $z-$검정을 사용할 수 있다. 표준화된 검정통계량은

$$z = \frac{(\hat{p_1} - \hat{p_2}) - (p_1 - p_2)}{\sqrt{\bar{p}\,\bar{q}\left(\frac{1}{n_1} + \frac{1}{n_2}\right)}} \approx \frac{(0.30 - 0.38) - 0}{\sqrt{(0.344)(0.656)(\frac{1}{200} + \frac{1}{250})}} \approx -1.775$$

z는 기각역 안에 속하므로 귀무가설을 기각한다. 따라서 유의수준 10%에서 두 공장의 불량률에는 차이가 있다는 주장에 대한 충분한 근거가 있다고 할 수 있다. ■

연습문제

1. 다음 각 용어를 설명하라.

(1) 귀무가설　(2) 대립가설　(3) 제1종 오류　(4) 제2종 오류
(5) α　(6) β　(7) 임계값　(8) $p-$값

2. 다음 각 주장들에 대하여 귀무가설과 대립가설을 세워라.

(1) 어떤 전구회사에서 생산하는 전구의 평균수명이 적어도 800시간을 넘는다고 한다.
(2) 어떤 자동차회사에서 만드는 특정 모델의 자동차 가격의 표준편차가 100만원을 넘지 않는다고 주장한다.
(3) 한국의 우체국에서 배달하는 우편물의 평균무게가 10kg정도라고 한다.
(4) 최근에 핸드폰을 사용하는 사람의 70%가 주말이나 저녁에 통화한다고 한다.
(5) 어떤 공장에서 일하는 작업자의 평균연령이 40세가 넘지 않는다는 주장이 나왔다.

3. 문제 2번의 각 주장들에서 발생될 수 있는 검정오류(제 1종 오류와 제 2종 오류)를 각각 서술하라.

4. 문제 2번의 각 주장들에서 검정의 종류가 왼쪽 꼬리 검정, 오른쪽 꼬리 검정, 또는 양쪽 꼬리 검정인지 결정하라.

5. 문제 2번의 각 주장들에 대하여 가설검정을 실시하였다면 귀무가설을 기각하였을 때와 귀무가설을 기각하지 않았을 때의 결론에 대하여 해석하라.

6. 어느 회사에서 생산하는 낚싯줄의 장력은 평균 10kg이고 표준편차 2kg인 정규분포를 따른다고 한다. 이 회사는 낚싯줄의 장력을 개선하기 위하여 신기술을 도입하여 낚싯줄을 생산하고 있다. 생산된 신제품 중에서 36개의 표본을 임의로 추출하여 장력의 평균을 계산한 결과 12.4kg이 나왔다. 이 회사의 신기술은 효과가 있는지 유의수준 $\alpha=0.05$로 검정하라.

7. 복숭아 통조림 회사에서 만드는 통조림의 내용물 무게가 평균 350g이 되도록 공정관리하고 있으며 무게가 기준치에 미달하면 하자가 있는 것으로 본다고 한다. 공장에서 임의로 25개의 표본을 추출하여 조사한 결과 내용물 무게가 평균 359g이고 표준편차가 10g이었다. 공정에 이상이 있는지 유의수준 $\alpha = 0.01$에서 검정하라.

8. 자동차 타이어 공장에서 생산하는 신제품의 평균수명이 42,000km 이상이라고 광고하고 있다. 소비자 보호단체에서 이러한 광고가 사실인지 확인하기 위하여 임의로 10개의 타이어를 선택하여 수명을 조사하였다. 1,000km 단위의 관측값이 다음과 같을 때, 이 자료를 이용하여 회사의 광고가 충분한 근거가 있는지 유의수준 $\alpha = 0.05$에서 검정하라.

42 46 36 43 35 41 43 40 45 39

9. 환경학자들은 한국에서 하루에 성인 한 명당 배출하는 평균 재활용 쓰레기가 0.5kg 이상이라고 주장한다. 이러한 주장을 검정하기 위하여 임의로 선택한 16명의 성인을 대상으로 재활용 쓰레기의 양을 조사하였더니 평균 0.8kg, 표준편차 0.15kg 이었다. 유의수준 $\alpha = 0.05$에서 환경학자들의 주장에 충분한 근거가 있는가?

10. 어떤 대학교의 이공계 학생들 중 A 기업에 대한 선호도를 조사하였더니 임의로 선택된 250명의 학생 중 10명만이 A 기업을 선호한다고 답하였다. 이 기업에 대한 선호도가 5%를 넘는다는 주장에 대하여 유의수준 $\alpha = 0.05$로 검정하라.

11. 어떤 상표의 담배의 니코틴 함량은 1.4mg의 분산을 가지고 정규분포를 따른다고 한다. 임의로 선택된 9개의 담배를 조사하였더니 표준편차가 $s = 1.8$mg으로 나타났다. 유의수준 $\alpha = 0.05$로 검정하라.

12. 어떤 대학교의 졸업생 중 벤처사업을 하는 200명을 랜덤하게 추출하여 연봉을 조사하였다. 이공계 졸업생 120명의 연봉은 평균 3500만원, 표준편차는 600만원이고 인문계 졸업생 80명의 연봉은 평균 3100만원, 표준편차는 400만원이었다. 이공계 졸업생과 인문계 졸업생 사이에 평균 연봉에 차이가 있는가? 유의수준 0.05로 검정하라.

13. 시속 10km로 달리는 자동차 충돌실험에서 임의로 추출한 14대의 소형차에 대한 범퍼의 수리비용은 평균 50만원, 표준편차는 10만원이며 임의로 추출한 23대의 중형차에 대한 범퍼의 수리비용은 평균 75만원, 표준편차는 16만원이다. 유의수준 5%에서 소형차의 범퍼수리비용이 중형차의 수리비용보다 적다고 할 수 있는가?

14. 다음은 6명의 운동을 하기 전후의 심장박동률을 나타낸다. 유의수준 5%에서 운동 전후에 심장박동률의 차이가 있는가?

	1	2	3	4	5	6
운동 전	70	85	92	72	65	88
운동 후	110	132	151	135	128	147

15. 연료첨가제가 자동차 연비에 영향을 주는지 알아보기 위하여 9대의 자동차에 연료첨가제를 첨가하지 않았을 때와 첨가하였을 때의 연비를 측정하였다. 유의수준 $\alpha = 0.1$에서 연료첨가제가 연비를 향상시킨다고 할 수 있는가?

	1	2	3	4	5	6	7	8	9
첨가 전	12.5	11.8	13.1	14.5	10.5	9.8	12.8	11.8	15.1
첨가 후	13.2	12.5	13.9	14.8	12.1	10.6	13.4	13.2	15.3

16. 어떤 대학교에서 실시한 특정음료를 위한 자동판매기 설치에 대한 여론조사에서 나타난 결과가 다음과 같다. 남녀 학생 간의 찬성비율에 대한 차이가 있는지 유의수준 5%로 검정하라.

	찬성	반대	합
남학생	250	50	300
여학생	110	40	150

부 록

표 1 조합 $\binom{n}{r}$의 수

n \ r	2	3	4	5	6	7	8	9	10
2	1								
3	3	1							
4	6	4	1						
5	10	10	5	1					
6	15	20	15	6	1				
7	21	35	35	21	7	1			
8	28	56	70	56	28	8	1		
9	36	84	126	126	84	36	9	1	
10	45	120	210	252	210	120	45	10	1
11	55	165	330	462	462	330	165	55	11
12	66	220	495	792	924	792	495	220	66
13	78	286	715	1,287	1,716	1,716	1,287	715	286
14	91	364	1,001	2,002	3,003	3,432	3,003	2,002	1,001
15	105	455	1,365	3,003	5,005	6,435	6,435	5,005	3,003
16	120	560	1,820	4,368	8,008	11,440	12,870	11,440	8,008
17	136	680	2,380	6,188	12,376	19,448	24,310	24,310	19,448
18	153	816	3,060	8,568	18,564	31,824	43,758	48,620	43,758
19	171	969	3,876	11,628	27,132	50,388	75,582	92,378	92,378
20	190	1,140	4,845	15,504	38,760	77,520	125,970	167,960	184,756

표 2 누적이항분포표

$$P\{K \leq c\} = \sum_{k=0}^{c} \binom{n}{k} p^k (1-p)^{n-k}$$

	c	p = 0.05	0.10	0.20	0.30	0.40	0.50	0.60	0.70	0.80	0.90	0.95
$n=1$	0	0.950	0.900	0.800	0.700	0.600	0.500	0.400	0.300	0.200	0.100	0.050
	1	1.000	1.000	1.000	1.000	1.000	1.000	1.000	1.000	1.000	1.000	1.000
$n=2$	0	0.903	0.810	0.640	0.490	0.360	0.250	0.160	0.090	0.040	0.010	0.003
	1	0.998	0.990	0.960	0.910	0.840	0.750	0.640	0.510	0.360	0.190	0.098
	2	1.000	1.000	1.000	1.000	1.000	1.000	1.000	1.000	1.000	1.000	1.000
$n=3$	0	0.857	0.729	0.512	0.343	0.216	0.125	0.064	0.027	0.008	0.001	0.000
	1	0.993	0.972	0.896	0.784	0.648	0.500	0.352	0.216	0.104	0.028	0.007
	2	1.000	0.999	0.992	0.973	0.936	0.875	0.784	0.657	0.488	0.271	0.143
	3	1.000	1.000	1.000	1.000	1.000	1.000	1.000	1.000	1.000	1.000	1.000
$n=4$	0	0.815	0.656	0.410	0.240	0.130	0.063	0.026	0.008	0.002	0.000	0.000
	1	0.986	0.948	0.819	0.652	0.475	0.313	0.179	0.084	0.027	0.004	0.000
	2	1.000	0.996	0.973	0.916	0.821	0.688	0.525	0.348	0.181	0.052	0.014
	3	1.000	1.000	0.998	0.992	0.974	0.938	0.870	0.760	0.590	0.344	0.185
	4	1.000	1.000	1.000	1.000	1.000	1.000	1.000	1.000	1.000	1.000	1.000
$n=5$	0	0.774	0.590	0.328	0.168	0.078	0.031	0.010	0.002	0.000	0.000	0.000
	1	0.977	0.919	0.737	0.528	0.337	0.188	0.087	0.031	0.007	0.000	0.000
	2	0.999	0.991	0.942	0.837	0.683	0.500	0.317	0.163	0.058	0.009	0.001
	3	1.000	1.000	0.993	0.969	0.913	0.813	0.663	0.472	0.263	0.081	0.023
	4	1.000	1.000	1.000	0.998	0.990	0.969	0.922	0.832	0.672	0.410	0.226
	5	1.000	1.000	1.000	1.000	1.000	1.000	1.000	1.000	1.000	1.000	1.000
$n=6$	0	0.735	0.531	0.262	0.118	0.047	0.016	0.004	0.001	0.000	0.000	0.000
	1	0.967	0.886	0.655	0.420	0.233	0.109	0.041	0.011	0.002	0.000	0.000
	2	0.998	0.984	0.901	0.744	0.544	0.344	0.179	0.070	0.017	0.001	0.000
	3	1.000	0.999	0.983	0.930	0.821	0.656	0.456	0.256	0.099	0.016	0.002
	4	1.000	1.000	0.998	0.989	0.959	0.891	0.767	0.580	0.345	0.114	0.033
	5	1.000	1.000	1.000	0.999	0.996	0.984	0.953	0.882	0.738	0.469	0.265
	6	1.000	1.000	1.000	1.000	1.000	1.000	1.000	1.000	1.000	1.000	1.000
$n=7$	0	0.698	0.478	0.210	0.082	0.028	0.008	0.002	0.000	0.000	0.000	0.000
	1	0.956	0.850	0.577	0.329	0.159	0.063	0.019	0.004	0.000	0.000	0.000
	2	0.996	0.974	0.852	0.647	0.420	0.227	0.096	0.029	0.005	0.000	0.000
	3	1.000	0.997	0.967	0.874	0.710	0.500	0.290	0.126	0.033	0.003	0.000
	4	1.000	1.000	0.995	0.971	0.904	0.773	0.580	0.353	0.148	0.026	0.004

						p					
	0.05	0.10	0.20	0.30	0.40	0.50	0.60	0.70	0.80	0.90	0.95
c											
5	1.000	1.000	1.000	0.996	0.981	0.938	0.841	0.671	0.423	0.150	0.044
6	1.000	1.000	1.000	1.000	0.998	0.992	0.972	0.918	0.790	0.522	0.302
7	1.000	1.000	1.000	1.000	1.000	1.000	1.000	1.000	1.000	1.000	1.000
$n=8$ 0	0.663	0.430	0.168	0.058	0.017	0.004	0.001	0.000	0.000	0.000	0.000
1	0.943	0.813	0.503	0.255	0.106	0.035	0.009	0.001	0.000	0.000	0.000
2	0.994	0.962	0.797	0.552	0.315	0.145	0.050	0.011	0.001	0.000	0.000
3	1.000	0.995	0.944	0.806	0.594	0.363	0.174	0.058	0.010	0.000	0.000
4	1.000	1.000	0.990	0.942	0.826	0.637	0.406	0.194	0.056	0.005	0.000
5	1.000	1.000	0.999	0.989	0.950	0.855	0.685	0.448	0.203	0.038	0.006
6	1.000	1.000	1.000	0.999	0.991	0.965	0.894	0.745	0.497	0.187	0.057
7	1.000	1.000	1.000	1.000	0.999	0.996	0.983	0.942	0.832	0.570	0.337
8	1.000	1.000	1.000	1.000	1.000	1.000	1.000	1.000	1.000	1.000	1.000
$n=9$ 0	0.630	0.387	0.134	0.040	0.010	0.002	0.000	0.000	0.000	0.000	0.000
1	0.929	0.775	0.436	0.196	0.071	0.020	0.004	0.000	0.000	0.000	0.000
2	0.992	0.947	0.738	0.463	0.232	0.090	0.025	0.004	0.000	0.000	0.000
3	0.999	0.992	0.914	0.730	0.483	0.254	0.099	0.025	0.003	0.000	0.000
4	1.000	0.999	0.980	0.901	0.733	0.500	0.267	0.099	0.020	0.001	0.000
5	1.000	1.000	0.997	0.975	0.901	0.746	0.517	0.270	0.086	0.008	0.001
6	1.000	1.000	1.000	0.996	0.975	0.910	0.768	0.537	0.262	0.053	0.008
7	1.000	1.000	1.000	1.000	0.996	0.980	0.929	0.804	0.564	0.225	0.071
8	1.000	1.000	1.000	1.000	1.000	0.998	0.990	0.960	0.866	0.613	0.370
9	1.000	1.000	1.000	1.000	1.000	1.000	1.000	1.000	1.000	1.000	1.000
$n=10$ 0	0.599	0.349	0.107	0.028	0.006	0.001	0.000	0.000	0.000	0.000	0.000
1	0.914	0.736	0.376	0.149	0.046	0.011	0.002	0.000	0.000	0.000	0.000
2	0.988	0.930	0.678	0.383	0.167	0.055	0.012	0.002	0.000	0.000	0.000
3	0.999	0.987	0.879	0.650	0.382	0.172	0.055	0.011	0.001	0.000	0.000
4	1.000	0.998	0.967	0.850	0.633	0.377	0.166	0.047	0.006	0.000	0.000
5	1.000	1.000	0.994	0.953	0.834	0.623	0.367	0.150	0.033	0.002	0.000
6	1.000	1.000	0.999	0.989	0.945	0.828	0.618	0.350	0.121	0.013	0.001
7	1.000	1.000	1.000	0.998	0.988	0.945	0.833	0.617	0.322	0.070	0.012
8	1.000	1.000	1.000	1.000	0.998	0.989	0.954	0.851	0.624	0.264	0.086
9	1.000	1.000	1.000	1.000	1.000	0.999	0.994	0.972	0.893	0.651	0.401
10	1.000	1.000	1.000	1.000	1.000	1.000	1.000	1.000	1.000	1.000	1.000
$n=11$ 0	0.569	0.314	0.086	0.020	0.004	0.000	0.000	0.000	0.000	0.000	0.000
1	0.898	0.697	0.322	0.113	0.030	0.006	0.001	0.000	0.000	0.000	0.000
2	0.985	0.910	0.617	0.313	0.119	0.033	0.006	0.001	0.000	0.000	0.000
3	0.998	0.981	0.839	0.570	0.296	0.113	0.029	0.004	0.000	0.000	0.000

		p										
		0.05	0.10	0.20	0.30	0.40	0.50	0.60	0.70	0.80	0.90	0.95
	c											
	4	1.000	0.997	0.950	0.790	0.533	0.274	0.099	0.022	0.002	0.000	0.000
	5	1.000	1.000	0.988	0.922	0.753	0.500	0.247	0.078	0.012	0.000	0.000
	6	1.000	1.000	0.998	0.978	0.901	0.726	0.467	0.210	0.050	0.003	0.000
	7	1.000	1.000	1.000	0.996	0.971	0.887	0.704	0.430	0.161	0.019	0.002
	8	1.000	1.000	1.000	0.999	0.994	0.967	0.881	0.687	0.383	0.090	0.015
	9	1.000	1.000	1.000	1.000	0.999	0.994	0.970	0.887	0.678	0.303	0.102
	10	1.000	1.000	1.000	1.000	1.000	1.000	0.996	0.980	0.914	0.686	0.431
	11	1.000	1.000	1.000	1.000	1.000	1.000	1.000	1.000	1.000	1.000	1.000
$n=12$	0	0.540	0.282	0.069	0.014	0.002	0.000	0.000	0.000	0.000	0.000	0.000
	1	0.882	0.659	0.275	0.085	0.020	0.003	0.000	0.000	0.000	0.000	0.000
	2	0.980	0.889	0.558	0.253	0.083	0.019	0.003	0.000	0.000	0.000	0.000
	3	0.998	0.974	0.795	0.493	0.225	0.073	0.015	0.002	0.000	0.000	0.000
	4	1.000	0.996	0.927	0.724	0.438	0.194	0.057	0.009	0.001	0.000	0.000
	5	1.000	0.999	0.981	0.882	0.665	0.387	0.158	0.039	0.004	0.000	0.000
	6	1.000	1.000	0.996	0.961	0.842	0.613	0.335	0.118	0.019	0.001	0.000
	7	1.000	1.000	0.999	0.991	0.943	0.806	0.562	0.276	0.073	0.004	0.000
	8	1.000	1.000	1.000	0.998	0.985	0.927	0.775	0.507	0.205	0.026	0.002
	9	1.000	1.000	1.000	1.000	0.997	0.981	0.917	0.747	0.442	0.111	0.020
	10	1.000	1.000	1.000	1.000	1.000	0.997	0.980	0.915	0.725	0.341	0.118
	11	1.000	1.000	1.000	1.000	1.000	1.000	0.998	0.986	0.931	0.718	0.460
	12	1.000	1.000	1.000	1.000	1.000	1.000	1.000	1.000	1.000	1.000	1.000
$n=13$	0	0.513	0.254	0.055	0.010	0.001	0.000	0.000	0.000	0.000	0.000	0.000
	1	0.865	0.621	0.234	0.064	0.013	0.002	0.000	0.000	0.000	0.000	0.000
	2	0.975	0.866	0.502	0.202	0.058	0.011	0.001	0.000	0.000	0.000	0.000
	3	0.997	0.966	0.747	0.421	0.169	0.046	0.008	0.001	0.000	0.000	0.000
	4	1.000	0.994	0.901	0.654	0.353	0.133	0.032	0.004	0.000	0.000	0.000
	5	1.000	0.999	0.970	0.835	0.574	0.291	0.098	0.018	0.001	0.000	0.000
	6	1.000	1.000	0.993	0.938	0.771	0.500	0.229	0.062	0.007	0.000	0.000
	7	1.000	1.000	0.999	0.982	0.902	0.709	0.426	0.165	0.030	0.001	0.000
	8	1.000	1.000	1.000	0.996	0.968	0.867	0.647	0.346	0.099	0.006	0.000
	9	1.000	1.000	1.000	0.999	0.992	0.954	0.831	0.579	0.253	0.034	0.003
	10	1.000	1.000	1.000	1.000	0.999	0.989	0.942	0.798	0.498	0.134	0.025
	11	1.000	1.000	1.000	1.000	1.000	0.998	0.987	0.936	0.766	0.379	0.135
	12	1.000	1.000	1.000	1.000	1.000	1.000	0.999	0.990	0.945	0.746	0.487
	13	1.000	1.000	1.000	1.000	1.000	1.000	1.000	1.000	1.000	1.000	1.000
$n=14$	0	0.488	0.229	0.044	0.007	0.001	0.000	0.000	0.000	0.000	0.000	0.000
	1	0.847	0.585	0.198	0.047	0.008	0.001	0.000	0.000	0.000	0.000	0.000
	2	0.970	0.842	0.448	0.161	0.040	0.006	0.001	0.000	0.000	0.000	0.000

		p										
		0.05	0.10	0.20	0.30	0.40	0.50	0.60	0.70	0.80	0.90	0.95
	c											
	3	0.996	0.956	0.698	0.355	0.124	0.029	0.004	0.000	0.000	0.000	0.000
	4	1.000	0.991	0.870	0.584	0.279	0.090	0.018	0.002	0.000	0.000	0.000
	5	1.000	0.999	0.956	0.781	0.486	0.212	0.058	0.008	0.000	0.000	0.000
	6	1.000	1.000	0.988	0.907	0.692	0.395	0.150	0.031	0.002	0.000	0.000
	7	1.000	1.000	0.998	0.969	0.850	0.605	0.308	0.093	0.012	0.000	0.000
	8	1.000	1.000	1.000	0.992	0.942	0.788	0.514	0.219	0.044	0.001	0.000
	9	1.000	1.000	1.000	0.998	0.982	0.910	0.721	0.416	0.130	0.009	0.000
	10	1.000	1.000	1.000	1.000	0.996	0.971	0.876	0.645	0.302	0.044	0.004
	11	1.000	1.000	1.000	1.000	0.999	0.994	0.960	0.839	0.552	0.158	0.030
	12	1.000	1.000	1.000	1.000	1.000	0.999	0.992	0.953	0.802	0.415	0.153
	13	1.000	1.000	1.000	1.000	1.000	1.000	0.999	0.993	0.956	0.771	0.512
	14	1.000	1.000	1.000	1.000	1.000	1.000	1.000	1.000	1.000	1.000	1.000
$n=15$	0	0.463	0.206	0.035	0.005	0.000	0.000	0.000	0.000	0.000	0.000	0.000
	1	0.829	0.549	0.167	0.035	0.005	0.000	0.000	0.000	0.000	0.000	0.000
	2	0.964	0.816	0.398	0.127	0.027	0.004	0.000	0.000	0.000	0.000	0.000
	3	0.995	0.944	0.648	0.297	0.091	0.018	0.002	0.000	0.000	0.000	0.000
	4	0.999	0.987	0.836	0.515	0.217	0.059	0.009	0.001	0.000	0.000	0.000
	5	1.000	0.998	0.939	0.722	0.403	0.151	0.034	0.004	0.000	0.000	0.000
	6	1.000	1.000	0.982	0.869	0.610	0.304	0.095	0.015	0.001	0.000	0.000
	7	1.000	1.000	0.996	0.950	0.787	0.500	0.213	0.050	0.004	0.000	0.000
	8	1.000	1.000	0.999	0.985	0.905	0.696	0.390	0.131	0.018	0.000	0.000
	9	1.000	1.000	1.000	0.996	0.966	0.849	0.597	0.278	0.061	0.002	0.000
	10	1.000	1.000	1.000	0.999	0.991	0.941	0.783	0.485	0.164	0.013	0.001
	11	1.000	1.000	1.000	1.000	0.998	0.982	0.909	0.703	0.352	0.056	0.005
	12	1.000	1.000	1.000	1.000	1.000	0.996	0.973	0.873	0.602	0.184	0.036
	13	1.000	1.000	1.000	1.000	1.000	1.000	0.995	0.965	0.833	0.451	0.171
	14	1.000	1.000	1.000	1.000	1.000	1.000	1.000	0.995	0.965	0.794	0.537
	15	1.000	1.000	1.000	1.000	1.000	1.000	1.000	1.000	1.000	1.000	1.000
$n=16$	0	0.440	0.185	0.028	0.003	0.000	0.000	0.000	0.000	0.000	0.000	0.000
	1	0.811	0.515	0.141	0.026	0.003	0.000	0.000	0.000	0.000	0.000	0.000
	2	0.957	0.789	0.352	0.099	0.018	0.002	0.000	0.000	0.000	0.000	0.000
	3	0.993	0.932	0.598	0.246	0.065	0.011	0.001	0.000	0.000	0.000	0.000
	4	0.999	0.983	0.798	0.450	0.167	0.038	0.005	0.000	0.000	0.000	0.000
	5	1.000	0.997	0.918	0.660	0.329	0.105	0.019	0.002	0.000	0.000	0.000
	6	1.000	0.999	0.973	0.825	0.527	0.227	0.058	0.007	0.000	0.000	0.000
	7	1.000	1.000	0.993	0.926	0.716	0.402	0.142	0.026	0.001	0.000	0.000
	8	1.000	1.000	0.999	0.974	0.858	0.598	0.284	0.074	0.007	0.000	0.000
	9	1.000	1.000	1.000	0.993	0.942	0.773	0.473	0.175	0.027	0.001	0.000
	10	1.000	1.000	1.000	0.998	0.981	0.895	0.671	0.340	0.082	0.003	0.000

		p										
		0.05	0.10	0.20	0.30	0.40	0.50	0.60	0.70	0.80	0.90	0.95
	c											
	11	1.000	1.000	1.000	1.000	0.995	0.962	0.833	0.550	0.202	0.017	0.001
	12	1.000	1.000	1.000	1.000	0.999	0.989	0.935	0.754	0.402	0.068	0.007
	13	1.000	1.000	1.000	1.000	1.000	0.998	0.982	0.901	0.648	0.211	0.043
	14	1.000	1.000	1.000	1.000	1.000	1.000	0.997	0.974	0.859	0.485	0.189
	15	1.000	1.000	1.000	1.000	1.000	1.000	1.000	0.997	0.972	0.815	0.560
	16	1.000	1.000	1.000	1.000	1.000	1.000	1.000	1.000	1.000	1.000	1.000
$n=17$	0	0.418	0.167	0.023	0.002	0.000	0.000	0.000	0.000	0.000	0.000	0.000
	1	0.792	0.482	0.118	0.019	0.002	0.000	0.000	0.000	0.000	0.000	0.000
	2	0.950	0.762	0.310	0.077	0.012	0.001	0.000	0.000	0.000	0.000	0.000
	3	0.991	0.917	0.549	0.202	0.046	0.006	0.000	0.000	0.000	0.000	0.000
	4	0.999	0.978	0.758	0.389	0.126	0.025	0.003	0.000	0.000	0.000	0.000
	5	1.000	0.995	0.894	0.597	0.264	0.072	0.011	0.001	0.000	0.000	0.000
	6	1.000	0.999	0.962	0.775	0.448	0.166	0.035	0.003	0.000	0.000	0.000
	7	1.000	1.000	0.989	0.895	0.641	0.315	0.092	0.013	0.000	0.000	0.000
	8	1.000	1.000	0.997	0.960	0.801	0.500	0.199	0.040	0.003	0.000	0.000
	9	1.000	1.000	1.000	0.987	0.908	0.685	0.359	0.105	0.011	0.000	0.000
	10	1.000	1.000	1.000	0.997	0.965	0.834	0.552	0.225	0.038	0.001	0.000
	11	1.000	1.000	1.000	0.999	0.989	0.928	0.736	0.403	0.106	0.005	0.000
	12	1.000	1.000	1.000	1.000	0.997	0.975	0.874	0.611	0.242	0.022	0.001
	13	1.000	1.000	1.000	1.000	1.000	0.994	0.954	0.798	0.451	0.083	0.009
	14	1.000	1.000	1.000	1.000	1.000	0.999	0.988	0.923	0.690	0.238	0.050
	15	1.000	1.000	1.000	1.000	1.000	1.000	0.998	0.981	0.882	0.518	0.208
	16	1.000	1.000	1.000	1.000	1.000	1.000	1.000	0.998	0.977	0.833	0.582
	17	1.000	1.000	1.000	1.000	1.000	1.000	1.000	1.000	1.000	1.000	1.000
$n=18$	0	0.397	0.150	0.018	0.002	0.000	0.000	0.000	0.000	0.000	0.000	0.000
	1	0.774	0.450	0.099	0.014	0.001	0.000	0.000	0.000	0.000	0.000	0.000
	2	0.942	0.734	0.271	0.060	0.008	0.001	0.000	0.000	0.000	0.000	0.000
	3	0.989	0.902	0.501	0.165	0.033	0.004	0.000	0.000	0.000	0.000	0.000
	4	0.998	0.972	0.716	0.333	0.094	0.015	0.001	0.000	0.000	0.000	0.000
	5	1.000	0.994	0.867	0.534	0.209	0.048	0.006	0.000	0.000	0.000	0.000
	6	1.000	0.999	0.949	0.722	0.374	0.119	0.020	0.001	0.000	0.000	0.000
	7	1.000	1.000	0.984	0.859	0.563	0.240	0.058	0.006	0.000	0.000	0.000
	8	1.000	1.000	0.996	0.940	0.737	0.407	0.135	0.021	0.001	0.000	0.000
	9	1.000	1.000	0.999	0.979	0.865	0.593	0.263	0.060	0.004	0.000	0.000
	10	1.000	1.000	1.000	0.994	0.942	0.760	0.437	0.141	0.016	0.000	0.000
	11	1.000	1.000	1.000	0.999	0.980	0.881	0.626	0.278	0.051	0.001	0.000
	12	1.000	1.000	1.000	1.000	0.994	0.952	0.791	0.466	0.133	0.006	0.000
	13	1.000	1.000	1.000	1.000	0.999	0.985	0.906	0.667	0.284	0.028	0.002
	14	1.000	1.000	1.000	1.000	1.000	0.996	0.967	0.835	0.499	0.098	0.011

		p										
		0.05	0.10	0.20	0.30	0.40	0.50	0.60	0.70	0.80	0.90	0.95
	c											
	15	1.000	1.000	1.000	1.000	1.000	0.999	0.992	0.940	0.729	0.266	0.058
	16	1.000	1.000	1.000	1.000	1.000	1.000	0.999	0.986	0.901	0.550	0.226
	17	1.000	1.000	1.000	1.000	1.000	1.000	1.000	0.998	0.982	0.850	0.603
	18	1.000	1.000	1.000	1.000	1.000	1.000	1.000	1.000	1.000	1.000	1.000
$n=19$	0	0.377	0.135	0.014	0.001	0.000	0.000	0.000	0.000	0.000	0.000	0.000
	1	0.755	0.420	0.083	0.010	0.001	0.000	0.000	0.000	0.000	0.000	0.000
	2	0.933	0.705	0.237	0.046	0.005	0.000	0.000	0.000	0.000	0.000	0.000
	3	0.987	0.885	0.455	0.133	0.023	0.002	0.000	0.000	0.000	0.000	0.000
	4	0.998	0.965	0.673	0.282	0.070	0.010	0.001	0.000	0.000	0.000	0.000
	5	1.000	0.991	0.837	0.474	0.163	0.032	0.003	0.000	0.000	0.000	0.000
	6	1.000	0.998	0.932	0.666	0.308	0.084	0.012	0.001	0.000	0.000	0.000
	7	1.000	1.000	0.977	0.818	0.488	0.180	0.035	0.003	0.000	0.000	0.000
	8	1.000	1.000	0.993	0.916	0.667	0.324	0.088	0.011	0.000	0.000	0.000
	9	1.000	1.000	0.998	0.967	0.814	0.500	0.186	0.033	0.002	0.000	0.000
	10	1.000	1.000	1.000	0.989	0.912	0.676	0.333	0.084	0.007	0.000	0.000
	11	1.000	1.000	1.000	0.997	0.965	0.820	0.512	0.182	0.023	0.000	0.000
	12	1.000	1.000	1.000	0.999	0.988	0.916	0.692	0.334	0.068	0.002	0.000
	13	1.000	1.000	1.000	1.000	0.997	0.968	0.837	0.526	0.163	0.009	0.000
	14	1.000	1.000	1.000	1.000	0.999	0.990	0.930	0.718	0.327	0.035	0.002
	15	1.000	1.000	1.000	1.000	1.000	0.998	0.977	0.867	0.545	0.115	0.013
	16	1.000	1.000	1.000	1.000	1.000	1.000	0.995	0.954	0.763	0.295	0.067
	17	1.000	1.000	1.000	1.000	1.000	1.000	0.999	0.990	0.917	0.580	0.245
	18	1.000	1.000	1.000	1.000	1.000	1.000	1.000	0.999	0.986	0.865	0.623
	19	1.000	1.000	1.000	1.000	1.000	1.000	1.000	1.000	1.000	1.000	1.000
$n=20$	0	0.358	0.122	0.012	0.001	0.000	0.000	0.000	0.000	0.000	0.000	0.000
	1	0.736	0.392	0.069	0.008	0.001	0.000	0.000	0.000	0.000	0.000	0.000
	2	0.925	0.677	0.206	0.035	0.004	0.000	0.000	0.000	0.000	0.000	0.000
	3	0.984	0.867	0.411	0.107	0.016	0.001	0.000	0.000	0.000	0.000	0.000
	4	0.997	0.957	0.630	0.238	0.051	0.006	0.000	0.000	0.000	0.000	0.000
	5	1.000	0.989	0.804	0.416	0.126	0.021	0.002	0.000	0.000	0.000	0.000
	6	1.000	0.998	0.913	0.608	0.250	0.058	0.006	0.000	0.000	0.000	0.000
	7	1.000	1.000	0.968	0.772	0.416	0.132	0.021	0.001	0.000	0.000	0.000
	8	1.000	1.000	0.990	0.887	0.596	0.252	0.057	0.005	0.000	0.000	0.000
	9	1.000	1.000	0.997	0.952	0.755	0.412	0.128	0.017	0.001	0.000	0.000
	10	1.000	1.000	0.999	0.983	0.872	0.588	0.245	0.048	0.003	0.000	0.000
	11	1.000	1.000	1.000	0.995	0.943	0.748	0.404	0.113	0.010	0.000	0.000
	12	1.000	1.000	1.000	0.999	0.979	0.868	0.584	0.228	0.032	0.000	0.000
	13	1.000	1.000	1.000	1.000	0.994	0.942	0.750	0.392	0.087	0.002	0.000
	14	1.000	1.000	1.000	1.000	0.998	0.979	0.874	0.584	0.196	0.011	0.000

		p										
		0.05	0.10	0.20	0.30	0.40	0.50	0.60	0.70	0.80	0.90	0.95
	15	1.000	1.000	1.000	1.000	1.000	0.994	0.949	0.762	0.370	0.043	0.003
	16	1.000	1.000	1.000	1.000	1.000	0.999	0.984	0.893	0.589	0.133	0.016
	17	1.000	1.000	1.000	1.000	1.000	1.000	0.996	0.965	0.794	0.323	0.075
	18	1.000	1.000	1.000	1.000	1.000	1.000	0.999	0.992	0.931	0.608	0.264
	19	1.000	1.000	1.000	1.000	1.000	1.000	1.000	0.999	0.988	0.878	0.642
	20	1.000	1.000	1.000	1.000	1.000	1.000	1.000	1.000	1.000	1.000	1.000
$n=25$	0	0.277	0.072	0.004	0.000	0.000	0.000	0.000	0.000	0.000	0.000	0.000
	1	0.642	0.271	0.027	0.002	0.000	0.000	0.000	0.000	0.000	0.000	0.000
	2	0.873	0.537	0.098	0.009	0.000	0.000	0.000	0.000	0.000	0.000	0.000
	3	0.966	0.764	0.234	0.033	0.002	0.000	0.000	0.000	0.000	0.000	0.000
	4	0.993	0.902	0.421	0.090	0.009	0.000	0.000	0.000	0.000	0.000	0.000
	5	0.999	0.967	0.617	0.193	0.029	0.002	0.000	0.000	0.000	0.000	0.000
	6	1.000	0.991	0.780	0.341	0.074	0.007	0.000	0.000	0.000	0.000	0.000
	7	1.000	0.998	0.891	0.512	0.154	0.022	0.001	0.000	0.000	0.000	0.000
	8	1.000	1.000	0.953	0.677	0.274	0.054	0.004	0.000	0.000	0.000	0.000
	9	1.000	1.000	0.983	0.811	0.425	0.115	0.013	0.000	0.000	0.000	0.000
	10	1.000	1.000	0.994	0.902	0.586	0.212	0.034	0.002	0.000	0.000	0.000
	11	1.000	1.000	0.998	0.956	0.732	0.345	0.078	0.006	0.000	0.000	0.000
	12	1.000	1.000	1.000	0.983	0.846	0.500	0.154	0.017	0.000	0.000	0.000
	13	1.000	1.000	1.000	0.994	0.922	0.655	0.268	0.044	0.002	0.000	0.000
	14	1.000	1.000	1.000	0.998	0.966	0.788	0.414	0.098	0.006	0.000	0.000
	15	1.000	1.000	1.000	1.000	0.987	0.885	0.575	0.189	0.017	0.000	0.000
	16	1.000	1.000	1.000	1.000	0.996	0.946	0.726	0.323	0.047	0.000	0.000
	17	1.000	1.000	1.000	1.000	0.999	0.978	0.846	0.488	0.109	0.002	0.000
	18	1.000	1.000	1.000	1.000	1.000	0.993	0.926	0.659	0.220	0.009	0.000
	19	1.000	1.000	1.000	1.000	1.000	0.998	0.971	0.807	0.383	0.033	0.001
	20	1.000	1.000	1.000	1.000	1.000	1.000	0.991	0.910	0.579	0.098	0.007
	21	1.000	1.000	1.000	1.000	1.000	1.000	0.998	0.967	0.766	0.236	0.034
	22	1.000	1.000	1.000	1.000	1.000	1.000	1.000	0.991	0.902	0.463	0.127
	23	1.000	1.000	1.000	1.000	1.000	1.000	1.000	0.998	0.973	0.729	0.358
	24	1.000	1.000	1.000	1.000	1.000	1.000	1.000	1.000	0.996	0.928	0.723
	25	1.000	1.000	1.000	1.000	1.000	1.000	1.000	1.000	1.000	1.000	1.000

표 3 누적 Poisson 분포표

$$P\{X \leq c\} = \sum_{x=0}^{c} \frac{e^{-\lambda}\lambda^{x}}{x!}$$

c \ λ	.10	.20	.30	.40	.50	.60	.70	.80	.90	1.00
0	.905	.819	.741	.670	.607	.549	.497	.449	.407	.368
1	.995	.982	.963	.938	.910	.878	.844	.809	.772	.736
2	1.000	.999	.996	.992	.986	.977	.966	.953	.937	.920
3	1.000	1.000	1.000	.999	.998	.997	.994	.991	.987	.981
4	1.000	1.000	1.000	1.000	1.000	1.000	.999	.999	.998	.996
5	1.000	1.000	1.000	1.000	1.000	1.000	1.000	1.000	1.000	.999
6	1.000	1.000	1.000	1.000	1.000	1.000	1.000	1.000	1.000	1.000
7	1.000	1.000	1.000	1.000	1.000	1.000	1.000	1.000	1.000	1.000

c \ λ	1.10	1.20	1.30	1.40	1.50	1.60	1.70	1.80	1.90	2.00
0	.333	.301	.273	.247	.223	.202	.183	.165	.150	.135
1	.699	.663	.627	.592	.558	.525	.493	.463	.434	.406
2	.900	.879	.857	.833	.809	.783	.757	.731	.704	.677
3	.974	.966	.957	.946	.934	.921	.907	.891	.875	.857
4	.995	.992	.989	.986	.981	.976	.970	.964	.956	.947
5	.999	.998	.998	.997	.996	.994	.992	.990	.987	.983
6	1.000	1.000	1.000	.999	.999	.999	.998	.997	.997	.995
7	1.000	1.000	1.000	1.000	1.000	1.000	1.000	.999	.999	.999
8	1.000	1.000	1.000	1.000	1.000	1.000	1.000	1.000	1.000	1.000
9	1.000	1.000	1.000	1.000	1.000	1.000	1.000	1.000	1.000	1.000

c \ λ	2.10	2.20	2.30	2.40	2.50	2.60	2.70	2.80	2.90	3.00
0	.122	.111	.100	.091	.082	.074	.067	.061	.055	.050
1	.380	.355	.331	.308	.287	.267	.249	.231	.215	.199
2	.650	.623	.596	.570	.544	.518	.494	.469	.446	.423
3	.839	.819	.799	.779	.758	.736	.714	.692	.670	.647
4	.938	.928	.916	.904	.891	.877	.863	.848	.832	.815
5	.980	.975	.970	.964	.958	.951	.943	.935	.926	.916
6	.994	.993	.991	.988	.986	.983	.979	.976	.971	.966
7	.999	.998	.997	.997	.996	.995	.993	.992	.990	.988
8	1.000	1.000	.999	.999	.999	.999	.998	.998	.997	.996
9	1.000	1.000	1.000	1.000	1.000	1.000	.999	.999	.999	.999
10	1.000	1.000	1.000	1.000	1.000	1.000	1.000	1.000	1.000	1.000
11	1.000	1.000	1.000	1.000	1.000	1.000	1.000	1.000	1.000	1.000
12	1.000	1.000	1.000	1.000	1.000	1.000	1.000	1.000	1.000	1.000

c	λ 3.10	3.20	3.30	3.40	3.50	3.60	3.70	3.80	3.90	4.00
0	.045	.041	.037	.033	.030	.027	.025	.022	.020	.018
1	.185	.171	.159	.147	.136	.126	.116	.107	.099	.092
2	.401	.380	.359	.340	.321	.303	.285	.269	.253	.238
3	.625	.603	.580	.558	.537	.515	.494	.473	.453	.433
4	.798	.781	.763	.744	.725	.706	.687	.668	.648	.629
5	.906	.895	.883	.871	.858	.844	.830	.816	.801	.785
6	.961	.955	.949	.942	.935	.927	.918	.909	.899	.889
7	.986	.983	.980	.977	.973	.969	.965	.960	.955	.949
8	.995	.994	.993	.992	.990	.988	.986	.984	.981	.979
9	.999	.998	.998	.997	.997	.996	.995	.994	.993	.992
10	1.000	1.000	.999	.999	.999	.999	.998	.998	.998	.997
11	1.000	1.000	1.000	1.000	1.000	1.000	1.000	.999	.999	.999
12	1.000	1.000	1.000	1.000	1.000	1.000	1.000	1.000	1.000	1.000
13	1.000	1.000	1.000	1.000	1.000	1.000	1.000	1.000	1.000	1.000
14	1.000	1.000	1.000	1.000	1.000	1.000	1.000	1.000	1.000	1.000

c	λ 4.50	5.00	5.50	6.00	6.50	7.00	7.50	8.00	8.50	9.00
0	.011	.007	.004	.002	.002	.001	.001	.000	.000	.000
1	.061	.040	.027	.017	.011	.007	.005	.003	.002	.001
2	.174	.125	.088	.062	.043	.030	.020	.014	.009	.006
3	.342	.265	.202	.151	.112	.082	.059	.042	.030	.021
4	.532	.440	.358	.285	.224	.173	.132	.100	.074	.055
5	.703	.616	.529	.446	.369	.301	.241	.191	.150	.116
6	.831	.762	.686	.606	.527	.450	.378	.313	.256	.207
7	.913	.867	.809	.744	.673	.599	.525	.453	.386	.324
8	.960	.932	.894	.847	.792	.729	.662	.593	.523	.456
9	.983	.968	.946	.916	.877	.830	.776	.717	.653	.587
10	.993	.986	.975	.957	.933	.901	.862	.816	.763	.706
11	.998	.995	.989	.980	.966	.947	.921	.888	.849	.803
12	.999	.998	.996	.991	.984	.973	.957	.936	.909	.876
13	1.000	.999	.998	.996	.993	.987	.978	.966	.949	.926
14	1.000	1.000	.999	.999	.997	.994	.990	.983	.973	.959
15	1.000	1.000	1.000	.999	.999	.998	.995	.992	.986	.978
16	1.000	1.000	1.000	1.000	1.000	.999	.998	.996	.993	.989
17	1.000	1.000	1.000	1.000	1.000	1.000	.999	.998	.997	.995
18	1.000	1.000	1.000	1.000	1.000	1.000	1.000	.999	.999	.998
19	1.000	1.000	1.000	1.000	1.000	1.000	1.000	1.000	.999	.999
20	1.000	1.000	1.000	1.000	1.000	1.000	1.000	1.000	1.000	1.000
21	1.000	1.000	1.000	1.000	1.000	1.000	1.000	1.000	1.000	1.000
22	1.000	1.000	1.000	1.000	1.000	1.000	1.000	1.000	1.000	1.000

표 4 표준정규분포표

$$P\{Z \leq z\} = \int_{-\infty}^{z} \frac{1}{\sqrt{2\pi}} e^{-\frac{t^2}{2}} dt$$

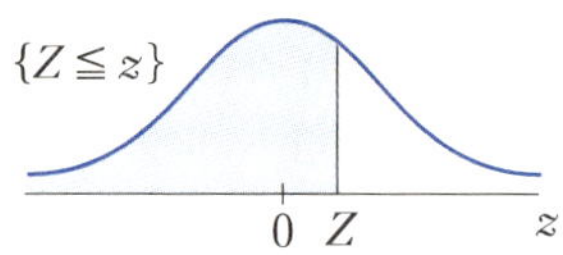

z	0.00	0.01	0.02	0.03	0.04	0.05	0.06	0.07	0.08	0.09
0.0	0.5000	0.5040	0.5080	0.5120	0.5160	0.5199	0.5239	0.5279	0.5319	0.5359
0.1	0.5398	0.5438	0.5478	0.5517	0.5557	0.5596	0.5636	0.5675	0.5714	0.5753
0.2	0.5793	0.5832	0.5871	0.5910	0.5948	0.5987	0.6026	0.6064	0.6103	0.6141
0.3	0.6179	0.6217	0.6255	0.6293	0.6331	0.6368	0.6406	0.6443	0.6480	0.6517
0.4	0.6554	0.6591	0.6628	0.6664	0.6700	0.6736	0.6772	0.6808	0.6844	0.6879
0.5	0.6915	0.6950	0.6985	0.7019	0.7054	0.7088	0.7123	0.7157	0.7190	0.7224
0.6	0.7257	0.7291	0.7324	0.7357	0.7389	0.7422	0.7454	0.7486	0.7517	0.7549
0.7	0.7580	0.7611	0.7642	0.7673	0.7704	0.7734	0.7764	0.7794	0.7823	0.7852
0.8	0.7881	0.7910	0.7939	0.7967	0.7995	0.8023	0.8051	0.8078	0.8106	0.8133
0.9	0.8159	0.8186	0.8212	0.8238	0.8264	0.8289	0.8315	0.8340	0.8365	0.8389
1.0	0.8413	0.8438	0.8461	0.8485	0.8508	0.8531	0.8554	0.8577	0.8599	0.8621
1.1	0.8643	0.8665	0.8686	0.8708	0.8729	0.8749	0.8770	0.8790	0.8810	0.8830
1.2	0.8849	0.8869	0.8888	0.8907	0.8925	0.8944	0.8962	0.8980	0.8997	0.9015
1.3	0.9032	0.9049	0.9066	0.9082	0.9099	0.9115	0.9131	0.9147	0.9162	0.9177
1.4	0.9192	0.9207	0.9222	0.9236	0.9251	0.9265	0.9279	0.9292	0.9306	0.9319
1.5	0.9332	0.9345	0.9357	0.9370	0.9382	0.9394	0.9406	0.9418	0.9429	0.9441
1.6	0.9452	0.9463	0.9474	0.9484	0.9495	0.9505	0.9515	0.9525	0.9535	0.9545
1.7	0.9554	0.9564	0.9573	0.9582	0.9591	0.9599	0.9608	0.9616	0.9625	0.9633
1.8	0.9641	0.9649	0.9656	0.9664	0.9671	0.9678	0.9686	0.9693	0.9699	0.9706
1.9	0.9713	0.9719	0.9726	0.9732	0.9738	0.9744	0.9750	0.9756	0.9761	0.9767
2.0	0.9772	0.9778	0.9783	0.9788	0.9793	0.9798	0.9803	0.9808	0.9812	0.9817
2.1	0.9821	0.9826	0.9830	0.9834	0.9838	0.9842	0.9846	0.9850	0.9854	0.9857
2.2	0.9861	0.9864	0.9868	0.9871	0.9875	0.9878	0.9881	0.9884	0.9887	0.9890
2.3	0.9893	0.9896	0.9898	0.9901	0.9904	0.9906	0.9909	0.9911	0.9913	0.9916
2.4	0.9918	0.9920	0.9922	0.9925	0.9927	0.9929	0.9931	0.9932	0.9934	0.9936
2.5	0.9938	0.9940	0.9941	0.9943	0.9945	0.9946	0.9948	0.9949	0.9951	0.9952
2.6	0.9953	0.9955	0.9956	0.9957	0.9959	0.9960	0.9961	0.9962	0.9963	0.9964
2.7	0.9965	0.9966	0.9967	0.9968	0.9969	0.9970	0.9971	0.9972	0.9973	0.9974
2.8	0.9974	0.9975	0.9976	0.9977	0.9977	0.9978	0.9979	0.9979	0.9980	0.9981
2.9	0.9981	0.9982	0.9982	0.9983	0.9984	0.9984	0.9985	0.9985	0.9986	0.9986
3.0	0.9987	0.9987	0.9987	0.9988	0.9988	0.9989	0.9989	0.9989	0.9990	0.9990
3.1	0.9990	0.9991	0.9991	0.9991	0.9992	0.9992	0.9992	0.9992	0.9993	0.9993
3.2	0.9993	0.9993	0.9994	0.9994	0.9994	0.9994	0.9994	0.9995	0.9995	0.9995
3.3	0.9995	0.9995	0.9995	0.9996	0.9996	0.9996	0.9996	0.9996	0.9996	0.9997
3.4	0.9997	0.9997	0.9997	0.9997	0.9997	0.9997	0.9997	0.9997	0.9997	0.9998
3.5	0.9998	0.9998	0.9998	0.9998	0.9998	0.9998	0.9998	0.9998	0.9998	0.9998

표 5 t 분포표

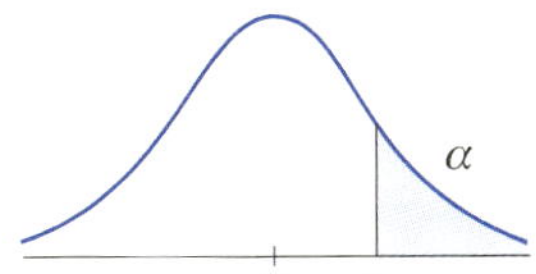

d.f.	α 0.25	0.1	0.05	0.025	0.01	0.005
1	1.000	3.078	6.314	12.706	31.821	63.657
2	0.816	1.886	2.920	4.303	6.965	9.925
3	0.765	1.638	2.353	3.182	4.541	5.841
4	0.741	1.533	2.132	2.776	3.747	4.604
5	0.727	1.476	2.015	2.571	3.365	4.032
6	0.718	1.440	1.943	2.447	3.143	3.707
7	0.711	1.415	1.895	2.365	2.998	3.499
8	0.706	1.397	1.860	2.306	2.896	3.355
9	0.703	1.383	1.833	2.262	2.821	3.250
10	0.700	1.372	1.812	2.228	2.764	3.169
11	0.697	1.363	1.796	2.201	2.718	3.106
12	0.695	1.356	1.782	2.179	2.681	3.055
13	0.694	1.350	1.771	2.160	2.650	3.012
14	0.692	1.345	1.761	2.145	2.624	2.977
15	0.691	1.341	1.753	2.131	2.602	2.947
16	0.690	1.337	1.746	2.120	2.583	2.921
17	0.689	1.333	1.740	2.110	2.567	2.898
18	0.688	1.330	1.734	2.101	2.552	2.878
19	0.688	1.328	1.729	2.093	2.539	2.861
20	0.687	1.325	1.725	2.086	2.528	2.845
21	0.686	1.323	1.721	2.080	2.518	2.831
22	0.686	1.321	1.717	2.074	2.508	2.819
23	0.685	1.319	1.714	2.069	2.500	2.807
24	0.685	1.318	1.711	2.064	2.492	2.797
25	0.684	1.316	1.708	2.060	2.485	2.787
26	0.684	1.315	1.706	2.056	2.479	2.779
27	0.684	1.314	1.703	2.052	2.473	2.771
28	0.683	1.313	1.701	2.048	2.467	2.763
29	0.683	1.311	1.699	2.045	2.462	2.756
30	0.683	1.310	1.697	2.042	2.457	2.750
40	0.681	1.303	1.684	2.021	2.423	2.704
60	0.679	1.296	1.671	2.000	2.390	2.660
120	0.677	1.289	1.658	1.980	2.358	2.617
∞	0.674	1.282	1.645	1.960	2.326	2.576

표 6 χ^2 분포표

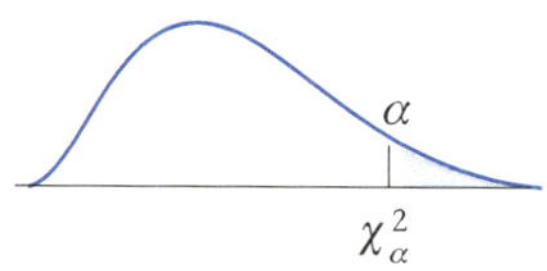

d.f	α							
	0.995	0.990	0.975	0.950	0.050	0.025	0.010	0.005
1	0.0000393	0.0001571	0.0009821	0.0039321	3.8414591	5.0238865	6.6348967	7.8794387
2	0.0100251	0.0201007	0.0506356	0.1025866	5.9914645	7.3777589	9.2103404	10.596635
3	0.0717218	0.1148318	0.2157953	0.3518463	7.8147278	9.3484036	11.344867	12.838156
4	0.2069891	0.2971095	0.4844186	0.7107230	9.4877290	11.143287	13.276704	14.860259
5	0.4117419	0.5542981	0.8312116	1.1454762	11.070498	12.832502	15.086272	16.749602
6	0.6757268	0.8720903	1.2373442	1.6353829	12.591587	14.449375	16.811894	18.547584
7	0.9892557	1.2390423	1.6898692	2.1673499	14.067140	16.012764	18.475307	20.277740
8	1.3444131	1.6464974	2.1797308	2.7326368	15.507313	17.534546	20.090235	21.954955
9	1.7349329	2.0879007	2.7003895	3.3251129	16.918978	19.022768	21.665994	23.589351
10	2.1558565	2.5582122	3.2469728	3.9402991	18.307038	20.483177	23.209251	25.188180
11	2.6032219	3.0534841	3.8157483	4.5748131	19.675138	21.920049	24.724970	26.756849
12	3.0738237	3.5705690	4.4037885	5.2260295	21.026070	23.336664	26.216967	28.299519
13	3.5650346	4.1069155	5.0087505	5.8918644	22.362032	24.735605	27.688250	29.819471
14	4.0746750	4.6604251	5.6287262	6.5706315	23.684791	26.118948	29.141238	31.319350
15	4.6009156	5.2293489	6.2621378	7.2609440	24.995790	27.488393	30.577914	32.801321
16	5.1422055	5.8122125	6.9076644	7.9616456	26.296228	28.845351	31.999927	34.267187
17	5.6972171	6.4077598	7.5641865	8.6717603	27.587112	30.191009	33.408664	35.718466
18	6.2648047	7.0149109	8.2307462	9.3904551	28.869299	31.526378	34.805306	37.156451
19	6.8439715	7.6327297	8.9065165	10.117013	30.143527	32.852327	36.190869	38.582257
20	7.4338443	8.2603984	9.5907775	10.850812	31.410433	34.169607	37.566235	39.996846
21	8.0336535	8.8971980	10.282898	11.591305	32.670573	35.478876	38.932173	41.401065
22	8.6427165	9.5424924	10.982321	12.338015	33.924439	36.780712	40.289360	42.795655
23	9.2604248	10.195716	11.688552	13.090514	35.172462	38.075627	41.638398	44.181275
24	9.8862335	10.856362	12.401150	13.848425	36.415028	39.364077	42.979820	45.558512
25	10.519652	11.523975	13.119720	14.611408	37.652484	40.646469	44.314105	46.927890
26	11.160237	12.198147	13.843905	15.379157	38.885139	41.923170	45.641683	48.289882
27	11.807587	12.878504	14.573383	16.151396	40.113272	43.194511	46.962942	49.644915
28	12.461336	13.564710	15.307861	16.927875	41.337138	44.460792	48.278236	50.993376
29	13.121149	14.256455	16.047072	17.708366	42.556968	45.722286	49.587885	52.335618
30	13.786720	14.953457	16.790772	18.492661	43.772972	46.979242	50.892181	53.671962
40	20.706535	22.164261	24.433039	26.509304	55.758479	59.341707	63.690740	66.765962
50	27.990749	29.706683	32.357364	34.764252	67.504807	71.420195	76.153891	79.489978
60	35.534492	37.484852	40.481748	43.187959	79.081944	83.297675	88.379419	91.951698
70	43.275180	45.441718	48.757566	51.739279	90.531225	95.023184	100.42518	104.21490
80	51.171932	53.540078	57.153174	60.391480	101.87947	106.62857	112.32879	116.32106
90	59.196305	61.754079	65.646619	69.126031	113.14527	118.13589	124.11632	128.29894
100	67.327564	70.064896	74.221928	77.929467	124.34211	129.56120	135.80672	140.16949

표 7 $F(m, n)$ 분포표

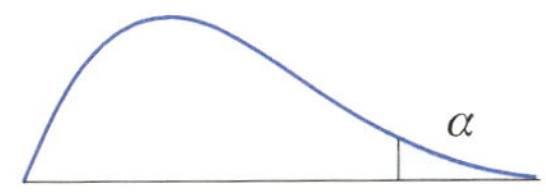

$\alpha = 0.10$

m2 \ m1	1	2	3	4	5	6	7	8	9	10	12	15	20	24	30	40	60	120	∞
1	39.86	49.50	53.59	55.83	57.24	58.20	58.91	59.44	59.86	60.19	60.71	61.22	61.74	62.00	62.26	62.53	62.79	63.06	63.33
2	8.53	9.00	9.16	9.24	9.29	9.33	9.35	9.37	9.38	9.39	9.41	9.42	9.44	9.45	9.46	9.47	9.47	9.48	9.49
3	5.54	5.46	5.39	5.34	5.31	5.28	5.27	5.25	5.24	5.23	5.22	5.20	5.18	5.18	5.17	5.16	5.15	5.14	5.13
4	4.54	4.32	4.19	4.11	4.05	4.01	3.98	3.95	3.94	3.92	3.90	3.87	3.84	3.83	3.82	3.80	3.79	3.78	3.76
5	4.06	3.78	3.62	3.52	3.45	3.40	3.37	3.34	3.32	3.30	3.27	3.24	3.21	3.19	3.17	3.16	3.14	3.12	3.11
6	3.78	3.46	3.29	3.18	3.11	3.05	3.01	2.98	2.96	2.94	2.90	2.87	2.84	2.82	2.80	2.78	2.76	2.74	2.72
7	3.59	3.26	3.07	2.96	2.88	2.83	2.78	2.75	2.72	2.70	2.67	2.63	2.59	2.58	2.56	2.54	2.51	2.49	2.47
8	3.46	3.11	2.92	2.81	2.73	2.67	2.62	2.59	2.56	2.54	2.50	2.46	2.42	2.40	2.38	2.36	2.34	2.32	2.29
9	3.36	3.01	2.81	2.69	2.61	2.55	2.51	2.47	2.44	2.42	2.38	2.34	2.30	2.28	2.25	2.23	2.21	2.18	2.16
10	3.29	2.92	2.73	2.61	2.52	2.46	2.41	2.38	2.35	2.32	2.28	2.24	2.20	2.18	2.16	2.13	2.11	2.08	2.06
11	3.23	2.86	2.66	2.54	2.45	2.39	2.34	2.30	2.27	2.25	2.21	2.17	2.12	2.10	2.08	2.05	2.03	2.00	1.97
12	3.18	2.81	2.61	2.48	2.39	2.33	2.28	2.24	2.21	2.19	2.15	2.10	2.06	2.04	2.01	1.99	1.96	1.93	1.90
13	3.14	2.76	2.56	2.43	2.35	2.28	2.23	2.20	2.16	2.14	2.10	2.05	2.01	1.98	1.96	1.93	1.90	1.88	1.85
14	3.10	2.73	2.52	2.39	2.31	2.24	2.19	2.15	2.12	2.10	2.05	2.01	1.96	1.94	1.91	1.89	1.86	1.83	1.80
15	3.07	2.70	2.49	2.36	2.27	2.21	2.16	2.12	2.09	2.06	2.02	1.97	1.92	1.90	1.87	1.85	1.82	1.79	1.76
16	3.05	2.67	2.46	2.33	2.24	2.18	2.13	2.09	2.06	2.03	1.99	1.94	1.89	1.87	1.84	1.81	1.78	1.75	1.72
17	3.03	2.64	2.44	2.31	2.22	2.15	2.10	2.06	2.03	2.00	1.96	1.91	1.86	1.84	1.81	1.78	1.75	1.72	1.69
18	3.01	2.62	2.42	2.29	2.20	2.13	2.08	2.04	2.00	1.98	1.93	1.89	1.84	1.81	1.78	1.75	1.72	1.69	1.66
19	2.99	2.61	2.40	2.27	2.18	2.11	2.06	2.02	1.98	1.96	1.91	1.86	1.81	1.79	1.76	1.73	1.70	1.67	1.63
20	2.97	2.59	2.38	2.25	2.16	2.09	2.04	2.00	1.96	1.94	1.89	1.84	1.79	1.77	1.74	1.71	1.68	1.64	1.61
21	2.96	2.57	2.36	2.23	2.14	2.08	2.02	1.98	1.95	1.92	1.87	1.83	1.78	1.75	1.72	1.69	1.66	1.62	1.59
22	2.95	2.56	2.35	2.22	2.13	2.06	2.01	1.97	1.93	1.90	1.86	1.81	1.76	1.73	1.70	1.67	1.64	1.60	1.57
23	2.94	2.55	2.34	2.21	2.11	2.05	1.99	1.95	1.92	1.89	1.84	1.80	1.74	1.72	1.69	1.66	1.62	1.59	1.55
24	2.93	2.54	2.33	2.19	2.10	2.04	1.98	1.94	1.91	1.88	1.83	1.78	1.73	1.70	1.67	1.64	1.61	1.57	1.53
25	2.92	2.53	2.32	2.18	2.09	2.02	1.97	1.93	1.89	1.87	1.82	1.77	1.72	1.69	1.66	1.63	1.59	1.56	1.52
26	2.91	2.52	2.31	2.17	2.08	2.01	1.96	1.92	1.88	1.86	1.81	1.76	1.71	1.68	1.65	1.61	1.58	1.54	1.50
27	2.90	2.51	2.30	2.17	2.07	2.00	1.95	1.91	1.87	1.85	1.80	1.75	1.70	1.67	1.64	1.60	1.57	1.53	1.49
28	2.89	2.50	2.29	2.16	2.06	2.00	1.94	1.90	1.87	1.84	1.79	1.74	1.69	1.66	1.63	1.59	1.56	1.52	1.48
29	2.89	2.50	2.28	2.15	2.06	1.99	1.93	1.89	1.86	1.83	1.78	1.73	1.68	1.65	1.62	1.58	1.55	1.51	1.47
30	2.88	2.49	2.28	2.14	2.05	1.98	1.93	1.88	1.85	1.82	1.77	1.72	1.67	1.64	1.61	1.57	1.54	1.50	1.46
40	2.84	2.44	2.23	2.09	2.00	1.93	1.87	1.83	1.79	1.76	1.71	1.66	1.61	1.57	1.54	1.51	1.47	1.42	1.38
60	2.79	2.39	2.18	2.04	1.95	1.87	1.82	1.77	1.74	1.71	1.66	1.60	1.54	1.51	1.48	1.44	1.40	1.35	1.29
120	2.75	2.35	2.13	1.99	1.90	1.82	1.77	1.72	1.68	1.65	1.60	1.55	1.48	1.45	1.41	1.37	1.32	1.26	1.19
∞	2.71	2.30	2.08	1.94	1.85	1.77	1.72	1.67	1.63	1.60	1.55	1.49	1.42	1.38	1.34	1.30	1.24	1.17	1.01

$\alpha = 0.05$

m2 \ m1	1	2	3	4	5	6	7	8	9	10	12	15	20	24	30	40	60	120	∞
1	161.4	199.5	215.7	224.5	230.1	233.9	236.7	238.8	240.5	241.8	243.9	245.9	248.0	249.0	250.1	251.1	252.2	253.2	254.3
2	18.51	19.00	19.16	19.25	19.30	19.33	19.35	19.37	19.38	19.40	19.41	19.43	19.45	19.45	19.46	19.47	19.48	19.49	19.50
3	10.13	9.55	9.28	9.12	9.01	8.94	8.89	8.85	8.81	8.79	8.74	8.70	8.66	8.64	8.62	8.59	8.57	8.55	8.53
4	7.71	6.94	6.59	6.39	6.26	6.16	6.09	6.04	6.00	5.96	5.91	5.86	5.80	5.77	5.75	5.72	5.69	5.66	5.63
5	6.61	5.79	5.41	5.19	5.05	4.95	4.88	4.82	4.77	4.74	4.68	4.62	4.56	4.53	4.50	4.46	4.43	4.40	4.37
6	5.99	5.14	4.76	4.53	4.39	4.28	4.21	4.15	4.10	4.06	4.00	3.94	3.87	3.84	3.81	3.77	3.74	3.70	3.67
7	5.59	4.74	4.35	4.12	3.97	3.87	3.79	3.73	3.68	3.64	3.57	3.51	3.44	3.41	3.38	3.34	3.30	3.27	3.23
8	5.32	4.46	4.07	3.84	3.69	3.58	3.50	3.44	3.39	3.35	3.28	3.22	3.15	3.12	3.08	3.04	3.01	2.97	2.93
9	5.12	4.26	3.86	3.63	3.48	3.37	3.29	3.23	3.18	3.14	3.07	3.01	2.94	2.90	2.86	2.83	2.79	2.75	2.71
10	4.96	4.10	3.71	3.48	3.33	3.22	3.14	3.07	3.02	2.98	2.91	2.85	2.77	2.74	2.70	2.66	2.62	2.58	2.54
11	4.84	3.98	3.59	3.36	3.20	3.09	3.01	2.95	2.90	2.85	2.79	2.72	2.65	2.61	2.57	2.53	2.49	2.45	2.40
12	4.75	3.89	3.49	3.26	3.11	3.00	2.91	2.85	2.80	2.75	2.69	2.62	2.54	2.51	2.47	2.43	2.38	2.34	2.30
13	4.67	3.81	3.41	3.18	3.03	2.92	2.83	2.77	2.71	2.67	2.60	2.53	2.46	2.42	2.38	2.34	2.30	2.25	2.21
14	4.60	3.74	3.34	3.11	2.96	2.85	2.76	2.70	2.65	2.60	2.53	2.46	2.39	2.35	2.31	2.27	2.22	2.18	2.13
15	4.54	3.68	3.29	3.06	2.90	2.79	2.71	2.64	2.59	2.54	2.48	2.40	2.33	2.29	2.25	2.20	2.16	2.11	2.07
16	4.49	3.63	3.24	3.01	2.85	2.74	2.66	2.59	2.54	2.49	2.42	2.35	2.28	2.24	2.19	2.15	2.11	2.06	2.01
17	4.45	3.59	3.20	2.96	2.81	2.70	2.61	2.55	2.49	2.45	2.38	2.31	2.23	2.19	2.15	2.10	2.06	2.01	1.96
18	4.41	3.55	3.16	2.93	2.77	2.66	2.58	2.51	2.46	2.41	2.34	2.27	2.19	2.15	2.11	2.06	2.02	1.97	1.92
19	4.38	3.52	3.13	2.90	2.74	2.63	2.54	2.48	2.42	2.38	2.31	2.23	2.16	2.11	2.07	2.03	1.98	1.93	1.88
20	4.35	3.49	3.10	2.87	2.71	2.60	2.51	2.45	2.39	2.35	2.28	2.20	2.12	2.08	2.04	1.99	1.95	1.90	1.84
21	4.32	3.47	3.07	2.84	2.68	2.57	2.49	2.42	2.37	2.32	2.25	2.18	2.10	2.05	2.01	1.96	1.92	1.87	1.81
22	4.30	3.44	3.05	2.82	2.66	2.55	2.46	2.40	2.34	2.30	2.23	2.15	2.07	2.03	1.98	1.94	1.89	1.84	1.78
23	4.28	3.42	3.03	2.80	2.64	2.53	2.44	2.37	2.32	2.27	2.20	2.13	2.05	2.01	1.96	1.91	1.86	1.81	1.76
24	4.26	3.40	3.01	2.78	2.62	2.51	2.42	2.36	2.30	2.25	2.18	2.11	2.03	1.98	1.94	1.89	1.84	1.79	1.73
25	4.24	3.39	2.99	2.76	2.60	2.49	2.40	2.34	2.28	2.24	2.16	2.09	2.01	1.96	1.92	1.87	1.82	1.77	1.71
26	4.23	3.37	2.98	2.74	2.59	2.47	2.39	2.32	2.27	2.22	2.15	2.07	1.99	1.95	1.90	1.85	1.80	1.75	1.69
27	4.21	3.35	2.96	2.73	2.57	2.46	2.37	2.31	2.25	2.20	2.13	2.06	1.97	1.93	1.88	1.84	1.79	1.73	1.67
28	4.20	3.34	2.95	2.71	2.56	2.45	2.36	2.29	2.24	2.19	2.12	2.04	1.96	1.91	1.87	1.82	1.77	1.71	1.65
29	4.18	3.33	2.93	2.70	2.55	2.43	2.35	2.28	2.22	2.18	2.10	2.03	1.94	1.90	1.85	1.81	1.75	1.70	1.64
30	4.17	3.32	2.92	2.69	2.53	2.42	2.33	2.27	2.21	2.16	2.09	2.01	1.93	1.89	1.84	1.79	1.74	1.68	1.62
40	4.08	3.23	2.84	2.61	2.45	2.34	2.25	2.18	2.12	2.08	2.00	1.92	1.84	1.79	1.74	1.69	1.64	1.58	1.51
60	4.00	3.15	2.76	2.53	2.37	2.25	2.17	2.10	2.04	1.99	1.92	1.84	1.75	1.70	1.65	1.59	1.53	1.47	1.39
120	3.92	3.07	2.68	2.45	2.29	2.18	2.09	2.02	1.96	1.91	1.83	1.75	1.66	1.61	1.55	1.50	1.43	1.35	1.25
∞	3.84	3.00	2.60	2.37	2.21	2.10	2.01	1.94	1.88	1.83	1.75	1.67	1.57	1.52	1.46	1.39	1.32	1.22	1.01

$\alpha = 0.025$

m2 \ m1	1	2	3	4	5	6	7	8	9	10	12	15	20	24	30	40	60	120	∞
1	647.7	799.5	864.1	899.5	921.8	937.1	948.2	956.6	963.2	968.6	976.7	984.8	993.1	997.2	1001	1005	1009	1014	1018
2	38.51	39.00	39.17	39.25	39.30	39.33	39.36	39.37	39.39	39.40	39.41	39.43	39.45	39.46	39.46	39.47	39.48	39.49	39.50
3	17.44	16.04	15.44	15.10	14.88	14.73	14.62	14.54	14.47	14.42	14.34	14.25	14.17	14.12	14.08	14.04	13.99	13.95	13.90
4	12.22	10.65	9.98	9.60	9.36	9.20	9.07	8.98	8.90	8.84	8.75	8.66	8.56	8.51	8.46	8.41	8.36	8.31	8.26
5	10.01	8.43	7.76	7.39	7.15	6.98	6.85	6.76	6.68	6.62	6.52	6.43	6.33	6.28	6.23	6.18	6.12	6.07	6.02
6	8.81	7.26	6.60	6.23	5.99	5.82	5.70	5.60	5.52	5.46	5.37	5.27	5.17	5.12	5.07	5.01	4.96	4.90	4.85
7	8.07	6.54	5.89	5.52	5.29	5.12	4.99	4.90	4.82	4.76	4.67	4.57	4.47	4.41	4.36	4.31	4.25	4.20	4.14
8	7.57	6.06	5.42	5.05	4.82	4.65	4.53	4.43	4.36	4.30	4.20	4.10	4.00	3.95	3.89	3.84	3.78	3.73	3.67
9	7.21	5.71	5.08	4.72	4.48	4.32	4.20	4.10	4.03	3.96	3.87	3.77	3.67	3.61	3.56	3.51	3.45	3.39	3.33
10	6.94	5.46	4.83	4.47	4.24	4.07	3.95	3.85	3.78	3.72	3.62	3.52	3.42	3.37	3.31	3.26	3.20	3.14	3.08
11	6.72	5.26	4.63	4.28	4.04	3.88	3.76	3.66	3.59	3.53	3.43	3.33	3.23	3.17	3.12	3.06	3.00	2.94	2.88
12	6.55	5.10	4.47	4.12	3.89	3.73	3.61	3.51	3.44	3.37	3.28	3.18	3.07	3.02	2.96	2.91	2.85	2.79	2.72
13	6.41	4.97	4.35	4.00	3.77	3.60	3.48	3.39	3.31	3.25	3.15	3.05	2.95	2.89	2.84	2.78	2.72	2.66	2.60
14	6.30	4.86	4.24	3.89	3.66	3.50	3.38	3.29	3.21	3.15	3.05	2.95	2.84	2.79	2.73	2.67	2.61	2.55	2.49
15	6.20	4.77	4.15	3.80	3.58	3.41	3.29	3.20	3.12	3.06	2.96	2.86	2.76	2.70	2.64	2.59	2.52	2.46	2.40
16	6.12	4.69	4.08	3.73	3.50	3.34	3.22	3.12	3.05	2.99	2.89	2.79	2.68	2.63	2.57	2.51	2.45	2.38	2.32
17	6.04	4.62	4.01	3.66	3.44	3.28	3.16	3.06	2.98	2.92	2.82	2.72	2.62	2.56	2.50	2.44	2.38	2.32	2.25
18	5.98	4.56	3.95	3.61	3.38	3.22	3.10	3.01	2.93	2.87	2.77	2.67	2.56	2.50	2.44	2.38	2.32	2.26	2.19
19	5.92	4.51	3.90	3.56	3.33	3.17	3.05	2.96	2.88	2.82	2.72	2.62	2.51	2.45	2.39	2.33	2.27	2.20	2.13
20	5.87	4.46	3.86	3.51	3.29	3.13	3.01	2.91	2.84	2.77	2.68	2.57	2.46	2.41	2.35	2.29	2.22	2.16	2.09
21	5.83	4.42	3.82	3.48	3.25	3.09	2.97	2.87	2.80	2.73	2.64	2.53	2.42	2.37	2.31	2.25	2.18	2.11	2.04
22	5.79	4.38	3.78	3.44	3.22	3.05	2.93	2.84	2.76	2.70	2.60	2.50	2.39	2.33	2.27	2.21	2.14	2.08	2.00
23	5.75	4.35	3.75	3.41	3.18	3.02	2.90	2.81	2.73	2.67	2.57	2.47	2.36	2.30	2.24	2.18	2.11	2.04	1.97
24	5.72	4.32	3.72	3.38	3.15	2.99	2.87	2.78	2.70	2.64	2.54	2.44	2.33	2.27	2.21	2.15	2.08	2.01	1.94
25	5.69	4.29	3.69	3.35	3.13	2.97	2.85	2.75	2.68	2.61	2.51	2.41	2.30	2.24	2.18	2.12	2.05	1.98	1.91
26	5.66	4.27	3.67	3.33	3.10	2.94	2.82	2.73	2.65	2.59	2.49	2.39	2.28	2.22	2.16	2.09	2.03	1.95	1.88
27	5.63	4.24	3.65	3.31	3.08	2.92	2.80	2.71	2.63	2.57	2.47	2.36	2.25	2.19	2.13	2.07	2.00	1.93	1.85
28	5.61	4.22	3.63	3.29	3.06	2.90	2.78	2.69	2.61	2.55	2.45	2.34	2.23	2.17	2.11	2.05	1.98	1.91	1.83
29	5.59	4.20	3.61	3.27	3.04	2.88	2.76	2.67	2.59	2.53	2.43	2.32	2.21	2.15	2.09	2.03	1.96	1.89	1.81
30	5.57	4.18	3.59	3.25	3.03	2.87	2.75	2.65	2.57	2.51	2.41	2.31	2.20	2.14	2.07	2.01	1.94	1.87	1.79
40	5.42	4.05	3.46	3.13	2.90	2.74	2.62	2.53	2.45	2.39	2.29	2.18	2.07	2.01	1.94	1.88	1.80	1.72	1.64
60	5.29	3.93	3.34	3.01	2.79	2.63	2.51	2.41	2.33	2.27	2.17	2.06	1.94	1.88	1.82	1.74	1.67	1.58	1.48
120	5.15	3.80	3.23	2.89	2.67	2.52	2.39	2.30	2.22	2.16	2.05	1.94	1.82	1.76	1.69	1.61	1.53	1.43	1.31
∞	5.02	3.69	3.12	2.79	2.57	2.41	2.29	2.19	2.11	2.05	1.94	1.83	1.71	1.64	1.57	1.48	1.39	1.27	1.01

$\alpha = 0.01$

m2 \ m1	1	2	3	4	5	6	7	8	9	10	12	15	20	24	30	40	60	120	∞
1	4052	4999	5403	5624	5763	5858	5928	5981	6022	6055	6106	6157	6208	6234	6260	6286	6313	6339	6365
2	98.50	99.00	99.17	99.25	99.30	99.33	99.36	99.37	99.39	99.40	99.42	99.43	99.45	99.46	99.47	99.47	99.48	99.49	99.50
3	34.12	30.82	29.46	28.71	28.24	27.91	27.67	27.49	27.35	27.23	27.05	26.87	26.69	26.60	26.50	26.41	26.32	26.22	26.13
4	21.20	18.00	16.69	15.98	15.52	15.21	14.98	14.80	14.66	14.55	14.37	14.20	14.02	13.93	13.84	13.75	13.65	13.56	13.46
5	16.26	13.27	12.06	11.39	10.97	10.67	10.46	10.29	10.16	10.05	9.89	9.72	9.55	9.47	9.38	9.29	9.20	9.11	9.02
6	13.75	10.92	9.78	9.15	8.75	8.47	8.26	8.10	7.98	7.87	7.72	7.56	7.40	7.31	7.23	7.14	7.06	6.97	6.88
7	12.25	9.55	8.45	7.85	7.46	7.19	6.99	6.84	6.72	6.62	6.47	6.31	6.16	6.07	5.99	5.91	5.82	5.74	5.65
8	11.26	8.65	7.59	7.01	6.63	6.37	6.18	6.03	5.91	5.81	5.67	5.52	5.36	5.28	5.20	5.12	5.03	4.95	4.86
9	10.56	8.02	6.99	6.42	6.06	5.80	5.61	5.47	5.35	5.26	5.11	4.96	4.81	4.73	4.65	4.57	4.48	4.40	4.31
10	10.04	7.56	6.55	5.99	5.64	5.39	5.20	5.06	4.94	4.85	4.71	4.56	4.41	4.33	4.25	4.17	4.08	4.00	3.91
11	9.65	7.21	6.22	5.67	5.32	5.07	4.89	4.74	4.63	4.54	4.40	4.25	4.10	4.02	3.94	3.86	3.78	3.69	3.60
12	9.33	6.93	5.95	5.41	5.06	4.82	4.64	4.50	4.39	4.30	4.16	4.01	3.86	3.78	3.70	3.62	3.54	3.45	3.36
13	9.07	6.70	5.74	5.21	4.86	4.62	4.44	4.30	4.19	4.10	3.96	3.82	3.66	3.59	3.51	3.43	3.34	3.25	3.17
14	8.86	6.51	5.56	5.04	4.69	4.46	4.28	4.14	4.03	3.94	3.80	3.66	3.51	3.43	3.35	3.27	3.18	3.09	3.00
15	8.68	6.36	5.42	4.89	4.56	4.32	4.14	4.00	3.89	3.80	3.67	3.52	3.37	3.29	3.21	3.13	3.05	2.96	2.87
16	8.53	6.23	5.29	4.77	4.44	4.20	4.03	3.89	3.78	3.69	3.55	3.41	3.26	3.18	3.10	3.02	2.93	2.84	2.75
17	8.40	6.11	5.18	4.67	4.34	4.10	3.93	3.79	3.68	3.59	3.46	3.31	3.16	3.08	3.00	2.92	2.83	2.75	2.65
18	8.29	6.01	5.09	4.58	4.25	4.01	3.84	3.71	3.60	3.51	3.37	3.23	3.08	3.00	2.92	2.84	2.75	2.66	2.57
19	8.18	5.93	5.01	4.50	4.17	3.94	3.77	3.63	3.52	3.43	3.30	3.15	3.00	2.92	2.84	2.76	2.67	2.58	2.49
20	8.10	5.85	4.94	4.43	4.10	3.87	3.70	3.56	3.46	3.37	3.23	3.09	2.94	2.86	2.78	2.69	2.61	2.52	2.42
21	8.02	5.78	4.87	4.37	4.04	3.81	3.64	3.51	3.40	3.31	3.17	3.03	2.88	2.80	2.72	2.64	2.55	2.46	2.36
22	7.95	5.72	4.82	4.31	3.99	3.76	3.59	3.45	3.35	3.26	3.12	2.98	2.83	2.75	2.67	2.58	2.50	2.40	2.31
23	7.88	5.66	4.76	4.26	3.94	3.71	3.54	3.41	3.30	3.21	3.07	2.93	2.78	2.70	2.62	2.54	2.45	2.35	2.26
24	7.82	5.61	4.72	4.22	3.90	3.67	3.50	3.36	3.26	3.17	3.03	2.89	2.74	2.66	2.58	2.49	2.40	2.31	2.21
25	7.77	5.57	4.68	4.18	3.85	3.63	3.46	3.32	3.22	3.13	2.99	2.85	2.70	2.62	2.54	2.45	2.36	2.27	2.17
26	7.72	5.53	4.64	4.14	3.82	3.59	3.42	3.29	3.18	3.09	2.96	2.81	2.66	2.58	2.50	2.42	2.33	2.23	2.13
27	7.68	5.49	4.60	4.11	3.78	3.56	3.39	3.26	3.15	3.06	2.93	2.78	2.63	2.55	2.47	2.38	2.29	2.20	2.10
28	7.64	5.45	4.57	4.07	3.75	3.53	3.36	3.23	3.12	3.03	2.90	2.75	2.60	2.52	2.44	2.35	2.26	2.17	2.06
29	7.60	5.42	4.54	4.04	3.73	3.50	3.33	3.20	3.09	3.00	2.87	2.73	2.57	2.49	2.41	2.33	2.23	2.14	2.03
30	7.56	5.39	4.51	4.02	3.70	3.47	3.30	3.17	3.07	2.98	2.84	2.70	2.55	2.47	2.39	2.30	2.21	2.11	2.01
40	7.31	5.18	4.31	3.83	3.51	3.29	3.12	2.99	2.89	2.80	2.66	2.52	2.37	2.29	2.20	2.11	2.02	1.92	1.80
60	7.08	4.98	4.13	3.65	3.34	3.12	2.95	2.82	2.72	2.63	2.50	2.35	2.20	2.12	2.03	1.94	1.84	1.73	1.60
120	6.85	4.79	3.95	3.48	3.17	2.96	2.79	2.66	2.56	2.47	2.34	2.19	2.03	1.95	1.86	1.76	1.66	1.53	1.38
∞	6.64	4.61	3.78	3.32	3.02	2.80	2.64	2.51	2.41	2.32	2.18	2.04	1.88	1.79	1.70	1.59	1.47	1.32	1.01

제 1 장

① (1) 동전을 두 번 던진다.

⇒ $S = \{HH, HT, TH, TT\}$: 유한

(2) 주사위를 두 번 던져서 나온 눈의 합을 관찰한다.

⇒ $S = \{2, 3, 4, 5, 6, 7, 8, 9, 10, 11, 12\}$: 유한

(3) 어느 제조회사에서 하루 동안 생산된 불량제품을 조사한다.

⇒ $S = \{0, 1, \cdots, N\}$, (단, N은 자연수): 유한

(4) 어느 특정한 날 특정한 도시의 교통사고 수를 조사한다.

⇒ $S = \{0, 1, 2, \cdots\}$: 가산무한

(5) 동전을 던져서 앞면이 두 번 나올 때까지의 시행 횟수를 관찰한다.

⇒ $S = \{2, 3, 4, 5, \cdots\}$: 가산무한

(6) 어느 회사에서 생산되는 강철봉의 장력강도를 측정한다.

⇒ $\Omega = \{\omega | \omega \in \mathbb{R},\ \omega \geq 0\}$: 비가산무한

③ (1) $A \cap (B \cap C)$

⇒ 30세 이하이며 한국은행의 고객인 남자

(2) $A - (B \cap C)$

⇒ 30세 이하가 아니면서 한국은행의 고객이 아닌 남자

(3) $(A \cup B) - (A \cap B)$

⇒ 30세 이하이거나 또는 남자이지만, 둘 다는 아닌 사람

(4) $(A \cup B \cup C) - (A \cap B \cap C)$

⇒ 30세 이하이거나 또는 한국은행의 고객이거나 또는 남자이지만 셋 다는 아닌 사람

⑤ 구하는 확률은 $P(A)$로 두면 $P(A) = 1 - P(A^c)$이고 $P(A^c)$: 10명이 모두 생일이 다른 확률

이때, $P(A^c) = \frac{{}_{365}C_1}{365} \times \frac{{}_{364}C_1}{365} \times \cdots \times \frac{{}_{356}C_1}{365}$이다.

$$\therefore P(A) = 1 - P(A^c) = 1 - \left(1 \times \frac{364}{365} \times \cdots \times \frac{356}{365}\right)$$

$$= 1 - \left(1 \times \frac{1}{365}\right) \times \left(1 - \frac{2}{365}\right) \times \cdots \times \left(1 - \frac{9}{365}\right)$$

⑦ (1) A와 B가 배반

$\Rightarrow A \cap B = \phi$이므로 $P(A \cup B) = P(A) + P(B)$성립

$\therefore p = 0.3$

(2) A와 B가 독립

$\Rightarrow P(A \cap B) = P(A) \times P(B)$이므로 $P(A \cup B) = P(A) + P(B) - P(A)P(B)$ 성립

$0.7 = 0.4 + p - 0.4 \times p \quad \therefore p = 0.5$

⑨ (1) 두 번째 추출에서 흰 공이 나오는 사건

A_i: i번째 추출 시 흰 공이 나오는 사건

$$P(A_2) = \frac{a}{a+b} \times \frac{a+c}{a+b+c} + \frac{b}{a+b} \times \frac{a}{a+b+c} = \frac{a}{a+b}$$

(2) 세 번째 추출에서 흰 공이 나오는 사건

$$\Rightarrow P(A_3) = \frac{a}{a+b} \times \frac{a+c}{a+b+c} \times \frac{a+2c}{a+b+2c} + \frac{a}{a+b} \times \frac{b}{a+b+c} \times \frac{a+c}{a+b+2c}$$
$$+ \frac{b}{a+b} \times \frac{a}{a+b+2c} + \frac{b}{a+b} \times \frac{b+c}{a+b+c} \times \frac{a}{a+b+c} = \frac{a}{a+b}$$

(3) 세 번째에 흰 공이 나왔을 때, 두 번째에도 흰 공이 나왔을 확률

$$\Rightarrow P(A_2 | A_3) = \frac{a}{a+b}$$
$$= \frac{\dfrac{a(a+c)(a+b+2c)}{(a+b)(a+b+c)(a+b+2c)}}{\dfrac{a}{a+b}} = \frac{a+c}{a+b+c}$$

⑪ 두 개의 주사위를 던질 때,

i) 두 눈의 합이 5가 나올 확률 $= \frac{4}{36} \rightarrow \{(1,4), (2,3), (3,2), (4,1)\}$

ii) 두 눈의 합이 7이 나올 확률 $= \frac{6}{36} \rightarrow \{(1,6), (2,5), (3,4), (4,3), (5,2), (6,1)\}$

iii) 그 외의 것이 나올 확률 $= \frac{26}{36}$

계속 시행을 하므로, n번째 시행에서 처음으로 눈의 합이 5, $n-1$번째까지 5나 7이 나오지 않는 사건을 A_n이라고 두면 $P(A_n) = \left(1 - \frac{4}{36} - \frac{6}{36}\right)^{n-1} \times \frac{4}{36}$이고, 이때 구하는 확률은 무수히 많은 시행을 하므로 $n \rightarrow \infty$이다.

$$P\left(\bigcup_{n=1}^{\infty} A_n\right) = \sum_{n=1}^{\infty} P(A_n) = \sum_{n=1}^{\infty} \left(\frac{13}{18}\right)^n \cdot \frac{1}{9} = \frac{1}{9} \cdot \frac{1}{1 - \frac{13}{18}} = \frac{1}{9} \times \frac{1}{\frac{5}{18}} = \frac{2}{5}$$

제 2 장

① $\Rightarrow P(X=0) = {}_5C_0\left(\frac{1}{2}\right)^0\left(\frac{1}{2}\right)^5 = \frac{1}{32}$ $\quad P(X=1) = {}_5C_1\left(\frac{1}{2}\right)^1\left(\frac{1}{2}\right)^4 = \frac{5}{32}$

$P(X=2) = {}_5C_2\left(\frac{1}{2}\right)^2\left(\frac{1}{2}\right)^3 = \frac{10}{32}$ $\quad P(X=3) = {}_5C_3\left(\frac{1}{2}\right)^3\left(\frac{1}{2}\right)^2 = \frac{10}{32}$

$P(X=3) = {}_5C_4\left(\frac{1}{2}\right)^4\left(\frac{1}{2}\right)^1 = \frac{5}{32}$ $\quad P(X=4) = {}_5C_5\left(\frac{1}{2}\right)^5\left(\frac{1}{2}\right)^0 = \frac{1}{32}$

x	0	1	2	3	4	5	계
$p(x)$	$\frac{1}{32}$	$\frac{5}{32}$	$\frac{10}{32}$	$\frac{10}{32}$	$\frac{5}{32}$	$\frac{1}{32}$	1

③ 처음으로 검은 공이 나올 때까지의 시행횟수: X라 하면

$$P(X=i) = \left(\frac{a}{a+b}\right)^{i-1}\left(\frac{b}{a+b}\right)$$

따라서 구하는 확률은

$$\begin{aligned} P(X \geq k) &= \sum_{i=k}^{\infty} P(X=i) \\ &= \sum_{i=k}^{\infty}\left(\frac{a}{a+b}\right)^{i-1}\left(\frac{b}{a+b}\right) \\ &= \left(\frac{a}{a+b}\right)^{k-1} \end{aligned}$$

⑤ $\sum_{k=1}^{\infty} p(k) = c\sum_{k=1}^{\infty}\frac{1}{k^2} = 1$이 성립하여야 하므로 $\alpha > 1$

⑦ (1) $\Rightarrow P(X=1) = \frac{1}{2} - \frac{1}{4} = \frac{1}{4}$

$P(X=2) = \frac{5}{6} - \frac{3}{4} = \frac{1}{12}$

$P(X=3) = 1 - \frac{5}{6} = \frac{1}{6}$

(2) $\Rightarrow P\left(\frac{1}{2} < X < \frac{3}{2}\right) = F\left(\left(\frac{3}{2}\right)^-\right) - F\left(\frac{1}{2}\right) = \frac{5}{8} - \frac{1}{8} = \frac{1}{2}$

⑨ (1) 하루 동안에 걸려오는 전화의 수를 X라 하면 $X \sim POI(3)$이다.

$$P(X \geq 3) = 1 - P(X \leq 2) = 1 - \frac{17}{2}e^{-3} = 0.5768$$

(2) $$P(X \geq 3 \mid X \geq 1) = \frac{P(X \geq 3,\ X \geq 1)}{P(X \geq 1)} = \frac{P(X \geq 3)}{P(X \geq 1)} = \frac{1 - \frac{17}{2}e^{-3}}{1 - e^{-3}} = 0.6070$$

제 3 장

① (1) $$1 = \int_{-1}^{1} a(1 - x^2)dx = \frac{4}{3}a$$

$$\therefore a = \frac{3}{4}$$

(2) $$F(x) = P(X \leqq x) = \begin{cases} 0, & x \leqq -1 \\ \frac{3}{4}\int_{-1}^{x}(1 - t^2)dt, & -1 < x < 1 \\ 1, & x \geqq 1 \end{cases} = \begin{cases} 0, & x \leqq -1 \\ \frac{1}{4}(3x - x^3 + 2), & -1 < x < 1 \\ 1, & x \geqq 1 \end{cases}$$

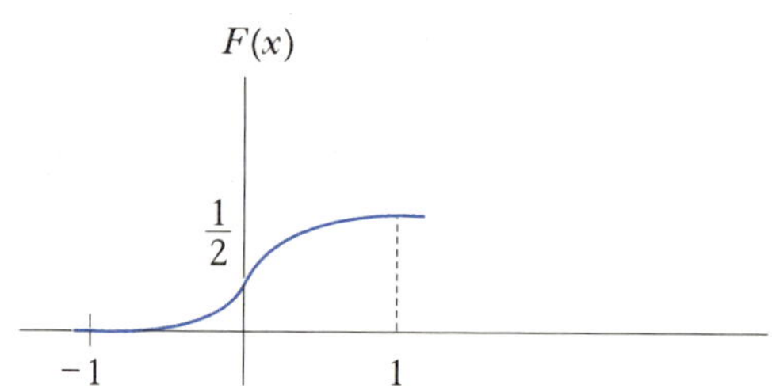

⑤ (1) $P(X > 5)$

$$\Rightarrow P(X > 5) = P\left(z > -\frac{5}{6}\right) = P\left(z < \frac{5}{6}\right) = 0.7967$$

(2) $P(4 < X < 8)$

$$\Rightarrow P(4 < X < 8) = P\left(-1 < z < \frac{1}{3}\right) = P\left(z < \frac{1}{3}\right) - 0.5 + P(z < 1) - 0.5$$

$$= (0.6293 - 0.5) + (0.8413 - 0.5) = 0.4706$$

(3) $P(X > 16)$

$$\Rightarrow P(X > 16) = P(z > 1) = 1 - P(z < 1) = 1 - 0.8413 = 0.1587$$

⑤ (1) $P(X \geqq t_\alpha) = 0.05$

$\Rightarrow\ t_\alpha = 1.753$

(2) $P(X \geqq t_\alpha) = 0.01$

$\Rightarrow\ t_\alpha = 2.602$

(3) $P(|X| \geqq t_\alpha) = 0.05$

$\Rightarrow\ P(|X| \geqq t_\alpha) = P(X < -t_\alpha) + P(X| \geqq t_\alpha) = 2 \times P(X \geqq t_\alpha) = 0.05$

$\therefore P(X < t_\alpha) = 0.025,\ t_\alpha = 2.131$

(4) $P(-t_\alpha \leqq X \leqq t_\alpha) = 0.99$

$\Rightarrow\ P(-t_\alpha \leqq X \leqq t_\alpha) = 2 \times P(0 \leqq X \leqq t_\alpha) = 2 \times [0.5 - P(X \geqq t_\alpha)] = 0.99$

$\therefore P(X \geqq t_\alpha) = 0.005,\ t_\alpha = 32.8013$

⑦ $X = \dfrac{Y-b}{a}$, $(a \neq 0)$이므로

i) $a > 0$일 때 $F_y(y) = P(aX + b \leqq y) = P\left(X \leqq \dfrac{y-b}{a}\right) = F_X\left(\dfrac{y-b}{a}\right)$

$\therefore\ f_y(y) = \dfrac{d}{dy} F_y(y) = \dfrac{1}{a} f\left(\dfrac{y-b}{a}\right)$

ii) $a < 0$일 때 $F_y(y) = P(aX + b \leqq y) = P\left(X \geqq \dfrac{y-b}{a}\right) = 1 - F_X\left(\dfrac{y-b}{a}\right)$

$\therefore\ f_y(y) = \dfrac{d}{dy} F_y(y) = -\dfrac{1}{a} f\left(\dfrac{y-b}{a}\right)$

$\therefore\ F_Y(y) = \dfrac{1}{|a|} f\left(\dfrac{y-b}{a}\right)$

⑨ $x = \tan\theta,\ \theta \sim U\left(-\dfrac{\pi}{2}, \dfrac{\pi}{2}\right)$이므로

$$F(x) = P(X < x) = P(\tan\theta \leqq x) = P(\theta \leqq \tan^{-1}x) = \frac{1}{\pi}\left[\tan^{-1}x - \left(-\frac{\pi}{2}\right)\right]$$
$$= \frac{1}{2} + \frac{1}{\pi}\tan^{-1}x$$

$$\therefore\ f(x) = \frac{d}{dx}F(x) = \frac{1}{\pi} \cdot \frac{1}{1+x^2}, \quad -\infty < x < \infty$$

⑪ $P(X > c) = P\left(\dfrac{X-20}{3} > \dfrac{x-20}{3}\right) = 0.1$이므로 $\dfrac{c-20}{3} = z_{0.1} = 1.282$

$\therefore\ c = 23.846$

제 4 장

① (1)

y \ x	0	1	2	3	합계
0	$\frac{1}{8}$	$\frac{1}{8}$	0	0	$\frac{1}{4}$
1	0	$\frac{1}{4}$	$\frac{1}{4}$	0	$\frac{1}{2}$
2	0	0	$\frac{1}{8}$	$\frac{1}{8}$	$\frac{1}{4}$
합계	$\frac{1}{8}$	$\frac{3}{8}$	$\frac{3}{8}$	$\frac{1}{8}$	1

(2) $P(0, 0) \neq p_X(0) \cdot p_Y(0)$이므로 X와 Y로 서로 종속

(3) $P(X > Y) = \sum_{x>y} p(x, y) = 0$

$P(X+Y<2) = \sum_{x+y<2} p(x, y) = \frac{1}{4}$

③ $$P(X=i) = \sum_{j=0}^{n-i} \frac{n!}{i!j!(n-i-j)!} p_1^i p_2^j (n-p_1-p_2)^{n-i-j}$$

$$= \frac{n!}{i!(n-i)!} p_1^i \sum_{j=0}^{n-i} \frac{(n-j)!}{j!(n-i-j)!} p_2^j (1-p_1-p_2)^{n-i-j}$$

$$= \binom{n}{i} p_1^i (1-p_1)^{n-i}$$

⑤ $Z = \frac{X}{Y}$의 분포함수를 구하면, $z > 0$일 때

$$F_Z(z) = P\left(\frac{X}{Y} \geq z\right) = \int\int_{x/y \geq z} e^{-(x+y)} dxdy = \int_0^\infty \int_{x/z}^\infty e^{-(x+y)} dxdy$$

$$= \int_0^\infty e^{-(1+\frac{1}{z})} xdx = \frac{z}{z+1} = 1 - \frac{1}{z+1}$$

$$f_Z(z) = \frac{1}{(z+1)^2}, \quad z > 0$$

⑦ (1) $p_{XY}(i,\ j) = P(X=i,\ Y=j) = \dfrac{\binom{4}{i}\binom{5}{j}\binom{20}{5-i-j}}{\binom{20}{5}}$

단, i와 j는 $i+j \leqq 5$를 만족하는 음이 아닌 정수

$$p_{XYZ}(i,\ j,\ k) = P(X=i,\ Y=j, Z=k) = \frac{\binom{4}{i}\binom{5}{j}\binom{6}{k}\binom{5}{5-i-j-k}}{\binom{20}{5}}$$

단, i, j, k는 $i+j+k \leqq 5$를 만족하는 음이 아닌 정수

(2) $p_{XY}(i,\ j) = \dfrac{5!}{i!j!(5-i-j)!}\left(\dfrac{4}{20}\right)^{i}\left(\dfrac{5}{20}\right)^{j}\left(\dfrac{11}{20}\right)^{5-i-j}$

$$p_{XYZ}(i,\ j,\ k) = \frac{5!}{i!j!k!(5-i-j-k)!}\left(\frac{4}{20}\right)^{i}\left(\frac{5}{20}\right)^{j}\left(\frac{6}{20}\right)^{k}\left(\frac{5}{20}\right)^{5-i-j-k}$$

제 5 장

① 평균 $\mu = \dfrac{9+7+\cdots+10}{10} = 8.6$

중앙값의 위치 $= \dfrac{10+1}{2} = 5.5$, 중앙값 $= \dfrac{9+9}{2} = 9$, 최빈값 $= 9$

③ 표본평균 $\overline{X} = \dfrac{720{,}000+870{,}000+\cdots+810{,}000}{6} = 819833{,}33 \fallingdotseq 819833$

표본분산 $s^2 = \dfrac{(720{,}000^2+870{,}000^2+\cdots+810{,}000^2)-6\times 819833^2}{6-1} = 54245666$

표본표준편차 $s = \sqrt{s^2} = 73651.657$, 표본범위 $R = 927{,}000-720{,}000 = 207{,}000$

⑤ $Q_1 : \dfrac{8+1}{4} = 2.25 \Rightarrow \dfrac{169+172}{2} = 170.5$

$Q_3 : \dfrac{3(8+1)}{4} = 6.75 \Rightarrow \dfrac{179+180}{2} = 179.5$, $\text{IQR} = 179.5-170.5 = 9$

제 6 장

① $\Rightarrow X \sim N(670,\ 65^2)$이다.

정규분포의 경험법칙에 따르면 95%에 속하는 구간은 평균으로부터 표준편차에 2배 만큼의 차이를 보이고 있다. 즉, $P(\mu - 2\sigma < X < \mu + 2\sigma) = 0.95$이다.

$\mu - 2\sigma < X < \mu + 2\sigma \Rightarrow 670 - 2 \times 65 < X < 670 + 2 \times 65 \Rightarrow \mathbf{540 < X < 800}$

③ (1) $1.32\Omega \Rightarrow 1.32 - 1.5 = -0.18 = -2.25\sigma$

(2) $1.54\Omega \Rightarrow 1.54 - 1.5 = 0.04 = 0.5\sigma$

(3) $1.66\Omega \Rightarrow 1.66 - 1.5 = 0.16 = 2\sigma$

(4) $1.78\Omega \Rightarrow 1.78 - 1.5 = 0.28 = 3.5\sigma$

⑤ $$\begin{aligned} P(-2.15 < Z < 1.55) &= P(Z < 1.55) - P(Z < -2.15) \\ &= P(Z < 1.55) - [1 - P(Z < 2.15)] \\ &= 0.9394 - [1 - 0.9842] = \mathbf{0.9236} \end{aligned}$$

⑦ (1) $z = -2.4 \Rightarrow z = \dfrac{x-\mu}{\sigma} = \dfrac{x - 45.1}{0.5} = -2.4 \Rightarrow x = 45.1 + (-2.4) \times 0.5 = \mathbf{43.9}$

$z = 1.2 \Rightarrow z = \dfrac{x-\mu}{\sigma} = \dfrac{x - 45.1}{0.5} = 1.2 \Rightarrow x = 45.1 + (1.2) \times 0.5 = \mathbf{45.7}$

(2) $P_{95} \Rightarrow P(Z \leqq z) = 0.95$인 z값을 의미한다. 따라서 $z = P_{95} = 1.645$이다.

$$\begin{aligned} z = 1.645 \Rightarrow z = \frac{x-\mu}{\sigma} = \frac{x - 45.1}{0.5} = 1.645 \Rightarrow x &= 45.1 + (1.645) \times 0.5 \\ &= \mathbf{45.9225} \end{aligned}$$

⑨ (a) $P(\overline{X} < 20{,}000) = P\left(Z < \dfrac{20{,}000 - 21{,}000}{1500 / \sqrt{45}}\right) = P(Z < -4.47) = \mathbf{0.00}$

(b) $$\begin{aligned} P(\overline{X} > 22{,}500) &= P\left(Z < \frac{22{,}500 - 21{,}000}{1500/\sqrt{45}}\right) \\ &= P(Z > 6.71) = 1 - P(Z < 6.71) \\ &= \mathbf{0.00} \end{aligned}$$

⑪ $n=12,\quad p=0.59,\quad q=1-p=0.41$

$np=12\times0.59=7.08\geq5$, $nq=12\times0.41=4.92<5$이므로 정규근사가 안 된다.

(이항분포 정규근사 조건 중 $np\geq5$은 만족하나 $nq\geq5$을 만족하지 않기 때문)

⑬ ① $n=45,\ p=0.65,\ q=0.35$

② $np=45\times0.65=29.25\geq5$, $nq=45\times0.35=15.75\geq5$ ⇒ 정규근사 가능

③ $\mu=np=45\times0.65=\mathbf{29.25}$, $\sigma=\sqrt{45\times0.65\times0.35}=\mathbf{3.20}$

④ $P(X\leq20)=P(X<20.5)=P(Z<\dfrac{20.5-29.25}{3.2})=P(Z<-2.73)$

$=1-P(Z<2.73)=1-0.9968=\mathbf{0.0032}$

제 7 장

① ② $\overline{x}$

> [정의 7.1.1] 점 추정값(point estimate)은 모수에 대한 단 하나의 값을 추정하는 것이다. 모평균 μ에 대한 최량불편점추정값은 표본평균 $\overline{x}$이다.

③ ② 폭 감소

$\overline{X}\pm z_c\dfrac{\sigma}{\sqrt{n}}$의 식에서 $\sqrt{n}$의 값의 크기가 증가할수록($n=1,\ 2,\ 3\cdots$) 최대추정오차의 크기가 작아지므로 표본크기가 증가할 때 신뢰구간의 폭은 감소하게 된다.

⑤ 임계값 → 표준정규분포표를 사용한다.

① $1-\alpha=0.97$

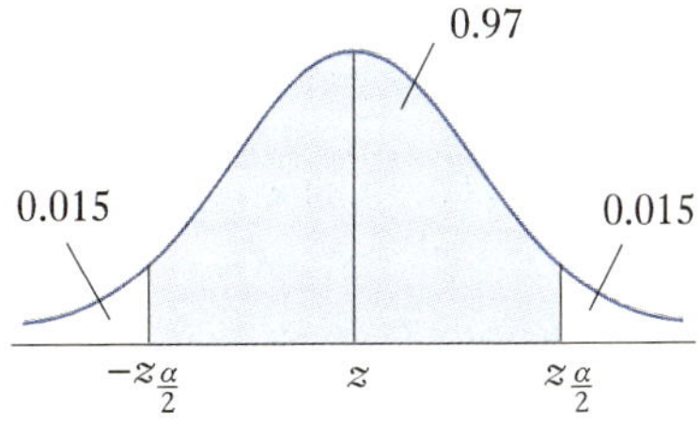

정규분포에 의해 $z_{\alpha/2}=2.17$이다. 같은 방법으로

② $1-\alpha=0.85$일 때, $z_{\alpha/2}=1.44$
③ $1-\alpha=0.75$일 때, $z_{\alpha/2}=1.15$
④ $1-\alpha=0.80$일 때, $z_{\alpha/2}=1.285$

임을 알 수 있다.

⑦ [정의 7.1.5] 모평균 μ에 대한 $1-\alpha$–구간추정은

$$\bar{x}-E<\mu<\bar{x}+E$$

신뢰구간이 모평균 μ를 포함할 확률은 $1-\alpha$이다.

① $1-\alpha=0.90,\ \bar{x}=15.2,\ s=2.0,\ n=60$

$E=z_{\alpha/2}\dfrac{\sigma}{\sqrt{n}}$이므로 $\bar{x}-z_{\alpha/2}\dfrac{\sigma}{\sqrt{n}}<\mu<\bar{x}+z_{\alpha/2}\dfrac{\sigma}{\sqrt{n}}$

(단, $n\geq 30$이므로, σ 대신 s를 사용할 수 있다.)

$15.2-1.645\times\dfrac{2.0}{\sqrt{60}}<\mu<15.2+1.645\times\dfrac{2.0}{\sqrt{60}}$

$\Rightarrow\ 14.7753<\mu<15.6247$

② $1-\alpha=0.95,\ \bar{x}=31.39,\ s=0.8,\ n=82$

$31.39-1.96\times\dfrac{0.8}{\sqrt{82}}<\mu<31.39+1.96\times\dfrac{0.8}{\sqrt{82}}$

$\Rightarrow 31.2168<\mu<31.5632$

③ $1-\alpha=0.95,\ \bar{x}=4.27,\ s=0.3,\ n=42$

$E=1.96\times\dfrac{0.3}{\sqrt{42}}=0.09\Rightarrow 4.27-0.09<\mu<4.27+0.09$

$\Rightarrow\ 4.18<\mu<4.36$

④ $1-\alpha=0.99,\ \bar{x}=13.5,\ s=1.5,\ n=100$

$E=2.575\times\dfrac{1.5}{\sqrt{100}}=0.39\Rightarrow 13.5-0.39<\mu<13.5+0.39$

$\Rightarrow 13.11<\mu<13.89$

⑨ 최소표본크기 $n=(\frac{z_{\alpha/2}\,\sigma}{E})^2$에서 $(\frac{1.96\times 4.8}{2})^2=22.1276$

즉, 최소표본크기는 23개이다.

⑪ ① $1-\alpha=0.99,\quad n=10$

표본의 크기가 10이므로 자유도는 $d.f.=n-1=10-1=9$이다.
t분포표에서 이 값을 찾아보면 $t_{\alpha/2}=3.250$

② $1-\alpha=0.95,\quad n=20$

표본의 크기가 20이므로 자유도는 $d.f.=n-1=20-1=19$이다.
t분포표에서 이 값을 찾아보면 $t_{\alpha/2}=2.093$

③ $1-\alpha=0.90,\quad n=16$

표본의 크기가 16이므로 자유도는 $d.f.=n-1=16-1=15$이다.
t분포표에서 이 값을 찾아보면 $t_{\alpha/2}=1.753$

④ $1-\alpha=0.98,\quad n=12$

표본의 크기가 12이므로 자유도는 $d.f.=n-1=12-1=11$이다.
t분포표에서 이 값을 찾아보면 $t_{\alpha/2}=2.718$

⑮ ① $1-\alpha=0.90,\ \overline{x}=12.5,\ s=2.0,\ n=10$

⇒ i) $t-$분포 사용하여 신뢰구간 구하기

임계값 $t_{\alpha/2}$는 $df=n-1=5,\ 1-\alpha=0.90$을 사용하여 구하면 $t_{0.05}=2.015$

$$E=t_{\alpha/2}\frac{s}{\sqrt{n}}=t_{0.05}\frac{2}{\sqrt{6}}=1.645$$

$\overline{x}-E<\mu<\overline{x}+E \rightarrow 10.855<\mu<14.145$

ii) $z-$분포를 사용하여 신뢰구간 구하기

임계값 $z_{\alpha/2}=z_{0.05}=1.645$

$$E=z_{\alpha/2}\frac{\sigma}{\sqrt{n}}\approx z_{0.05}\frac{2}{\sqrt{6}}=1.343$$

$\overline{x}-E<\mu<\overline{x}+E \rightarrow 11.157<\mu<13.843$

∴ $t-$분포를 사용해서 구한 신뢰구간이 더 넓다.

② $1-\alpha=0.95$, $\bar{x}=13.4$, $s=0.85$, $n=8$

⇒ i) t-분포 사용하여 신뢰구간 구하기

임계값 $t_{\alpha/2}$는 $df=n-1=7$, $1-\alpha=0.95$을 사용하여 구하면 $t_{0.025}=2.365$

$E=t_{\alpha/2}\frac{s}{\sqrt{n}}=t_{0.025}\frac{0.85}{\sqrt{8}}=0.711$

$\bar{x}-E<\mu<\bar{x}+E \rightarrow 12.689<\mu<14.111$

ii) z-분포를 사용하여 신뢰구간 구하기

임계값 $z_{\alpha/2}=z_{0.025}=1.96$

$E=z_{\alpha/2}\frac{\sigma}{\sqrt{n}}\approx z_{0.025}\frac{0.85}{\sqrt{8}}=0.589$

$\bar{x}-E<\mu<\bar{x}+E \rightarrow 12.814<\mu<13.989$

∴ t-분포를 사용해서 구한 신뢰구간이 더 넓다.

③ $1-\alpha=0.98$, $\bar{x}=4.3$, $s=0.34$, $n=14$

⇒ i) t-분포 사용하여 신뢰구간 구하기

임계값 $t_{\alpha/2}$는 $df=n-1=13$, $1-\alpha=0.98$을 사용하여 구하면 $t_{0.01}=2.65$

$E=t_{\alpha/2}\frac{s}{\sqrt{n}}=t_{0.01}\frac{0.34}{\sqrt{14}}=0.241$

$\bar{x}-E<\mu<\bar{x}+E \rightarrow 4.059<\mu<4.541$

ii) z-분포를 사용하여 신뢰구간 구하기

임계값 $z_{\alpha/2}=z_{0.01}=2.33$

$E=z_{c}\frac{\sigma}{\sqrt{n}}\approx z_{0.01}\frac{0.34}{\sqrt{14}}=0.212$

$\bar{x}-E<\mu<\bar{x}+E \rightarrow 4.088<\mu<4.512$

∴ t-분포를 사용해서 구한 신뢰구간이 더 넓다.

④ $1-\alpha=0.99$, $\bar{x}=14$, $s=2.0$, $n=10$

⇒ i) t-분포 사용하여 신뢰구간 구하기

임계값 $t_{\alpha/2}$는 $df=n-1=9$, $1-\alpha=0.99$을 사용하여 구하면 $t_{0.005}=3.25$

$E=t_{\alpha/2}\frac{s}{\sqrt{n}}=t_{0.005}\frac{2}{\sqrt{10}}=2.055$

$\bar{x}-E<\mu<\bar{x}+E \rightarrow 11.945<\mu<16.055$

ii) z−분포를 사용하여 신뢰구간 구하기

임계값 $z_{\alpha/2} = z_{0.005} = 2.57$

$$E = z_{\alpha/2}\frac{\sigma}{\sqrt{n}} \approx z_{0.005}\frac{2}{\sqrt{10}} = 1.625$$

$$\bar{x} - E < \mu < \bar{x} + E \quad \rightarrow \quad 12.375 < \mu < 15.625$$

∴ t−분포를 사용해서 구한 신뢰구간이 더 넓다.

15 ① $\hat{p} = \frac{x}{n} = \frac{83}{1040} \approx 0.08$

② $\hat{p} = \frac{x}{n} = \frac{501}{1001} \approx 0.5$

③ $\hat{p} = \frac{X}{n} = \frac{4080}{34,000} = 0.12$

④ $\hat{p} = \frac{x}{n} = \frac{725}{1907} \approx 0.38$

⑤ $\hat{p} = \frac{x}{n} = \frac{189}{262} \approx 0.72$

⑥ $\hat{p} = \frac{X}{n} = \frac{93}{1418} = 0.07$

⑦ $\hat{p} = \frac{x}{n} = \frac{277}{1026} \approx 0.27$

17 정규분포로 근사하기 위해 점검해야 한다.

19 ① $\Rightarrow S^2 = \sum\frac{(x-\bar{x})^2}{n-1} = 0.003, \quad S = \sqrt{\sum\frac{(x-\bar{x})^2}{n-1}} = 0.054$

$df = n-1 = 13, \ \chi_R^2 = 22.3621, \ \chi_L^2 = 5.89186$

$$\frac{(n-1)S^2}{\chi_R^2} < \sigma^2 < \frac{(n-1)S^2}{\chi_L^2} \quad \rightarrow \quad 0.0017 < \sigma^2 < 0.0066$$

$$\sqrt{\frac{(n-1)S^2}{\chi_R^2}} < \sigma < \sqrt{\frac{(n-1)S^2}{\chi_L^2}} \quad \rightarrow \quad 0.0412 < \sigma < 0.0812$$

② $\Rightarrow$ $S^2 = \sum \frac{(x-\bar{x})^2}{n-1} = 0.001$, $S = \sqrt{\sum \frac{(x-\bar{x})^2}{n-1}} = 0.032$

$df = n-1 = 14$, $\chi_R^2 = 23.6848$, $\chi_L^2 = 6.57063$

$$\frac{(n-1)S^2}{\chi_R^2} < \sigma^2 < \frac{(n-1)S^2}{\chi_L^2} \rightarrow 0.0006 < \sigma^2 < 0.0022$$

$$\sqrt{\frac{(n-1)S^2}{\chi_R^2}} < \sigma < \sqrt{\frac{(n-1)S^2}{\chi_L^2}} \rightarrow 0.0245 < \sigma < 0.0469$$

③ $\Rightarrow$ $S^2 = \sum \frac{(x-\bar{x})^2}{n-1} = 0.064$, $S = \sqrt{\sum \frac{(x-\bar{x})^2}{n-1}} = 0.025$

$df = n-1 = 17$, $\chi_R^2 = 35.7185$, $\chi_L^2 = 5.6972$

$$\frac{(n-1)S^2}{\chi_R^2} < \sigma^2 < \frac{(n-1)S^2}{\chi_L^2} \rightarrow 0.00179 < \sigma^2 < 0.0112$$

$$\sqrt{\frac{(n-1)S^2}{\chi_R^2}} < \sigma < \sqrt{\frac{(n-1)S^2}{\chi_L^2}} \rightarrow 0.0423 < \sigma < 0.1059$$

④ $\Rightarrow$ $S^2 = \sum \frac{(x-\bar{x})^2}{n-1} = 0.008$, $S = \sqrt{\sum \frac{(x-\bar{x})^2}{n-1}} = 0.092$

$df = n-1 = 16$, $\chi_R^2 = 28.8454$, $\chi_L^2 = 6.90766$

$$\frac{(n-1)S^2}{\chi_R^2} < \sigma^2 < \frac{(n-1)S^2}{\chi_L^2} \rightarrow 0.0044 < \sigma^2 < 0.0185$$

$$\sqrt{\frac{(n-1)S^2}{\chi_R^2}} < \sigma < \sqrt{\frac{(n-1)S^2}{\chi_L^2}} \rightarrow 0.0663 < \sigma < 0.136$$

㉑ 90% 신뢰구간

$$\sqrt{\frac{(n-1)S^2}{\chi_R^2}} < \sigma < \sqrt{\frac{(n-1)S^2}{\chi_L^2}} \rightarrow 0.0245 < \sigma < 0.0469$$

95% 신뢰구간

$$\sqrt{\frac{(n-1)S^2}{\chi_R^2}} < \sigma < \sqrt{\frac{(n-1)S^2}{\chi_L^2}} \rightarrow 0.0245 < \sigma < 0.051$$

99% 신뢰구간

$$\sqrt{\frac{(n-1)S^2}{\chi_R^2}} < \sigma < \sqrt{\frac{(n-1)S^2}{\chi_L^2}} \quad \rightarrow \quad 0.0224 < \sigma < 0.0592$$

∴ 병의 내용물의 변동이 허용할 수 있는 수준에서 신뢰구간은 99% 신뢰구간이 된다. 따라서 답은 $0.0224 < \sigma < 0.0592$이다.

제 8 장

① (1) 귀무가설

⇒ "≥", "=", "≤"과 같이 동일함에 대한 주장이 포함되는 통계적 가설, H_0

(2) 대립가설

⇒ 귀무가설에 반하는 가설, H_α

(3) 제 1종 오류

⇒ 귀무가설 H_0가 사실일 때 H_0을 기각하는 오류

(4) 제 2종 오류

⇒ 귀무가설 H_0가 거짓일 때 H_0을 기각하지 않는 오류

(5) α

⇒ 유의수준, 제1종 오류를 범할 수 있는 최대허용한계

(6) β

⇒ 제 2종 오류를 범하는 확률

(7) 임계값

⇒ 비기각역과 기각역을 구분하는 값, z_0

(8) p-값

⇒ 유의확률, 귀무가설을 기각할 수 있는 최소의 유의수준

③ (1) 제1종 오류: μ가 800인데 H_0을 하는 경우
제2종 오류: μ가 800이 아닌데 H_0을 하지 못하는 경우

(2) 제1종 오류: σ가 100만인데 H_0을 하는 경우
제2종 오류: σ가 100만이 아닌데 H_0을 하는 경우

(3) 제1종 오류: μ가 10인데 H_0을 하는 경우
제2종 오류: μ가 10이 아닌데 H_0을 하지 못하는 경우

(4) 제1종 오류: p가 0.7인데 H_0을 하는 경우
제2종 오류: p가 0.7이 아닌데 H_0을 하지 못하는 경우

(5) 제1종 오류: μ가 40인데 H_0을 하는 경우
제2종 오류: μ가 40이 아닌데 H_0을 기각하지 못하는 경우

⑤ (1) $H_0 : \mu = 800$
$\Rightarrow$ i) 기각 $\rightarrow$ μ는 800이 아니다. μ는 유의하지 못하다.
ii) 기각× $\rightarrow$ μ가 800이다. μ는 유의하다.

(2) $H_0 : \sigma = 100$만
$\Rightarrow$ i) 기각 $\rightarrow$ σ는 100만이 아니다. σ는 유의하지 못하다.
ii) 기각× $\rightarrow$ σ가 100만이다. σ는 유의하다.

(3) $H_0 : \mu = 10$
$\Rightarrow$ i) 기각 $\rightarrow$ μ는 10이 아니다. μ는 유의하지 못하다.
ii) 기각× $\rightarrow$ μ가 10이다. μ는 유의하다.

(4) $H_0 : p = 0.7$
$\Rightarrow$ i) 기각 $\rightarrow$ p는 0.7이 아니다. p는 유의하지 못하다.
ii) 기각× $\rightarrow$ p는 0.7이다. p는 유의하다.

(5) $H_0 : \mu = 40$
$\Rightarrow$ i) 기각 $\rightarrow$ μ는 40이 아니다. μ는 유의하지 못하다.
ii) 기각× $\rightarrow$ μ는 40이다. μ는 유의하다.

⑦ $\mu = 350,\ n = 25,\ \bar{x} = 359,\ s = 10,\ \alpha = 0.01$
$H_0 : \mu = 350$ (공정에 하자가 없다.) vs $H_1 : \mu < 350$ ~ 좌측꼬리검정

$$T = \frac{\overline{x} - \mu}{s/\sqrt{n}} = \frac{359 - 350}{10/\sqrt{25}} = \frac{9}{2} = 4.5 > -t_{0.01}(24) = -2.492$$

$\therefore H_0$ 기각할 수 없다. 공정에 하자가 없다.

⑨ $n = 16,\ \overline{x} = 0.8,\ s = 0.15,\ \alpha = 0.05$

$H_0 : \mu = 0.5$ (일인당 쓰레기 배출량은 0.5이상이 아니다)

$H_1 : \mu > 0.5$ ~ 우측꼬리검정

$$T = \frac{\overline{x} - \mu}{s/\sqrt{n}} = \frac{0.8 - 0.5}{0.15/\sqrt{10}} = 8 > t_{0.05}(15) = 1.753$$

$\therefore H_0$기각할 수 있다. 일인당 쓰레기 배출량이 0.5kg이상이라는 충분한 근거가 있다.

⑪ $n = 9,\ s = 1.8,\ \alpha = 0.05$

$H_0 : \sigma = \sqrt{1.4}$ (니코틴함량의 분산은 1.4이다.) vs $H_1 : \sigma > \sqrt{1.4}$ ~ 우측꼬리검정

$$\chi^2 = \frac{(n-1)s^2}{\sigma^2} = \frac{7 \times (1.8)^2}{1.4} = 16.2 > \chi^2_{0.05}(8) = 15.5073$$

$\therefore H_0$기각할 수 있다. 니코틴함량은 1.4가 아니다.

⑮ $n_1 = 14$(소형차), $n_2 = 24$(중형차), $\overline{x_1} = 50,\ \overline{x_2} = 75,\ s_1 = 10,\ s_2 = 16,\ \alpha = 0.05$

$H_0 : \mu_1 = \mu_2$(소형차와 중형차의 범퍼수리비용은 차이가 없다.) vs $H_1 : \mu_1 > \mu_2$

~우측꼬리검정

공동표본표준편차(소표본일 때)

$$\hat{\sigma} = \frac{(n_1 - 1)s_1^2 + (n_2 - 1)s_2^2}{n_1 + n_2 - 2} = \frac{13 \times 10^2 + 23 \times 16^2}{14 + 24 - 2} = 199.66$$

$$\sigma_{\overline{x_1} - \overline{x_2}} = \hat{\sigma}\sqrt{\frac{1}{n_1} + \frac{1}{n_2}} \fallingdotseq 22.58$$

$$t = \frac{(\overline{x_1} - \overline{x_2}) - (\mu_1 - \mu_2)}{\sigma_{\overline{x_1} - \overline{x_2}}} = \frac{50 - 75}{22.58} = -1.107 > t_{0.05}(13) = 1.771$$

$\therefore H_0$기각할 수 없다. 소형차와 중형차의 범퍼수리비용은 차이가 없다.

⑮ $d_i=$ 첨가 후－첨가 전

	1	2	3	4	5	6	7	8	9
d	0.7	0.7	0.8	0.3	1.6	0.8	0.6	1.4	0.2

$H_0 : \mu_d = 0$(첨가 후와 첨가 전의 연비 차이가 없다) vs $H_1 : \mu_d > 0$ ~ 우측꼬리검정

$\bar{d} = \frac{7.1}{9} = 0.78,\ s_d = \sqrt{\frac{n(\sum d^2) - (\sum d)^2}{n(n-1)}} \fallingdotseq 0.0538$

$t = \frac{\bar{d} - \mu_d}{s_d/\sqrt{n}} = \frac{0.78 - 0}{0.0538/\sqrt{9}} = 43.49 > t_{0.1(8)} = 1.397$

$\therefore H_0$기각할 수 있다. 첨가 후와 첨가 전의 연비차이가 있다.

찾아보기

ㅎ

p

t

x

z

〈저자 약력〉

김영주 강원대학교 자연과학대학 수리정보학부 정보통계전공 전임강사

김윤경 동신대학교 공과대학 정보통신공학과 교수

유영호 강원대학교 자연과학대학 수리정보학부 정보통계전공 교수

이승수 강원대학교 자연과학대학 수리정보학부 정보통계전공 교수

주상열 강원대학교 자연과학대학 수리정보학부 정보통계전공 교수

(제2판)

확률 및 통계학

2006년 9월 1일 초 판 발행
2009년 3월 2일 제 2 판 2쇄 발행

저 자 / 김영주 · 김윤경 · 유영호 · 이승수 · 주상열
발행자 / 오판근
발행처 / 교우사

주 소 / 서울 동대문구 제기2동 148-19
전 화 / 925-2861(代), 편집부 / 925-2825
팩 스 / 925-2860
E-mail / kyowoo @ kyowoo.co.kr
http: // www. kyowoo. co. kr
등록 / 1994. 3. 24 제6-0256호

ISBN 978-89-8172-634-8 (93310)

값 **15,000**원